Wittke, Scheel, Nowottnick

Die 10 Gebote der Löttechnik
- Lötfertigung und Rationalisierung -

AF302069

Bibliografische Information der Deutschen Nationalbibliothek:
Die Deutsche Nationalbibliothek verzeichnet diese Publikation in der Deutschen
Nationalbibliografie; detaillierte bibliografische Daten sind im Internet über
http://dnb.d-nb.de abrufbar.

Herstellung und Verlag: BoD – Books on Demand, Norderstedt

ISBN 9783741271984

INHALT

Unserem verstorbenen Kollegen

Prof. Dr. Klaus Wittke

gebührt großer Dank,
weil dieser für die Publikation der
10 Gebote der Löttechnik
bereits wesentliche Vorarbeit geleistet hatte.

Prof. Dr. Wolfgang Scheel   *Prof. Dr. Mathias Nowottnick*

1 Lötfertigung und Rationalisierung

1.1 Elemente der Lötfertigung

Ende der 1980-iger Jahre wurde von den Autoren im Rahmen der Industrieforschung der Fertigungsprozess "Löten" näher analysiert [Witt-87, Witt-88]. Dabei wurden die folgenden vier grundlegenden *Fertigungselemente* erkannt und näher beschrieben:

1. *Lötbaugruppe* – Gegenstand und Ziel der Lötfertigung;

2. *Lötprozess* – die eigentliche Fertigung der Lötbaugruppen, die naturgemäß folgende drei Prozesselemente enthält:

   <u>Lötverfahren</u> – charakterisiert die Wechselwirkungen zwischen dem zum Löten erforderlichen Energie-, Stoff- und Informationsfluss;

   <u>Lötmaterialien</u> – kennzeichnet alle zur Fertigung eingesetzten Materialien wie Lotzusatzwerkstoff, Lötmedien z.B. in Form von Gasen, Füllstoffen, Flussmittel u. a.;

   <u>Lötparameter</u> – alle den Lötprozess bestimmenden Werte der Löttemperatur, Haltedauer bei Löttemperatur, Lötgeschwindigkeit usw.

3. *Lötmittel* – die zum Lötprozess erforderlichen technischen Ausrüstungen, die nach Art der Energie-, Stoff- und Informationsflüsse folgende Elemente beinhalten:

   <u>Löteinrichtung</u> zur Gewährleistung des notwendigen Energietransports,

   <u>Lötvorrichtung</u> zur Gewährleistung des notwendigen Stofftransports und

   <u>Lötgerät</u> zur Gewährleistung des notwendigen Informationstransports mit Datenerfassung u. a. durch Sensoren, Verarbeitung und Aktivieren der möglichen Aktoren durch die entsprechende Hard- und Software;

4. *Lötfachkräfte* – Gewährleistung der Produktion durch die notwendige Bedienung aller Elemente der Lötfertigung (geleistete Arbeitsstunden = menschliches <u>Arbeitsvolumen</u>)

Durch die weitere Untersetzung ergeben sich also insgesamt folgende acht *Fertigungselemente*, die die Lötfertigung eineindeutig und ausreichend beschreiben:

1. *Lötbaugruppe*,

2. *Lötverfahren* als Teil des Lötprozesses,

3. *Lötmaterialen* als Teil des Lötprozesses,

4. *Lötparameter* als Teil des Lötprozesses,

5. *Löteinrichtung* als Teil der Lötmittel,

6. *Lötvorrichtung* als Teil der Lötmittel,

7. *Lötgerät* als Teil der Lötmittel und

8. *Lötfachkräfte* und deren Arbeitsvolumen.

In diesem System ist die Qualitätsprüfung als alleinige Endprüfung oder aber als prozessbegleitende Prüfung der Wirkung bzw. Funktion aller Fertigungselemente mit vorgesehen. Zu diesen Fertigungselementen wurden von den Autoren auch detaillierte Angaben mit vielen Beispielen beschrieben [Witt-82, Witt-83, Witt-84, Witt-89, Witt-06, Witt-07, Witt-08, Witt-09, Witt-11.1].

1.2 Elemente der Rationalisierung der Lötfertigung

Die oben abgeleiteten 8 Fertigungselemente beschreiben vom Wesen her eigentlich nur den Stand der technischen Bedingungen für den Lötprozess. Für die Lötpraxis sind aber die wirtschaftlichen Bedingungen mindestens genauso wichtig. Das ergibt sich aus dem Bestreben der entsprechenden Hersteller von Lötbaugruppen, ihren Marktanteil zu sichern bzw. zu vergrößern. Dazu ist in der Regel die Steigerung der *Arbeitsproduktivität* erforderlich. Die angestrebte Maximierung der Arbeitsproduktivität ergibt sich bekannterweise aus dem Verhältnis der zu optimierenden *Qualitätsmenge* zu dem zu minimierenden *Fertigungsaufwand*:

Qualitätsmenge → optimieren

Fertigungsaufwand → minimieren

= Arbeitsproduktivität maximieren

Die *Qualitätsmenge* beschreibt die Anzahl der qualitätsgerecht hergestellten Produkte in einem definierten Zeitraum (in Anlehnung an [DIN-8743]). Sie beinhaltet in der Lötfertigung sowohl die *Qualität*, als auch die Menge der zu produzierenden Lötbaugruppen und erfordert für eine erfolgreiche Marktarbeit die Optimierung beider Komponenten. Diese Qualität wird als "*Grad, in dem ein Satz inhärenter Merkmale eines Objektes Anforderungen erfüllt*" [ISO-9000] definiert. Mit diesen zusätzlichen Kategorien lassen sich nun auch die entsprechenden Elemente der Rationalisierung ableiten:

1. Qualifizierung:

    Qualität der Lötbaugruppen   → optimieren;

    Qualitätsmenge der Lötbaugruppen   → optimieren;

2. Humanisierung:

    Schädigungsrisiko durch Produkte und Fertigung   → minimieren;

3. Modernisierung:

    Materialmenge der Produkte   → minimieren;

    Prozessstufen der Fertigung   → minimieren;

    Energie bei der Fertigung   → minimieren;

    Informationen bei der Fertigung   → minimieren;

4. Intensivierung:

    Produktionsflächen bei der Fertigung und Lagerung   → minimieren;

    Prozesszeit bei der Fertigung   → minimieren;

5. Mechanisierung und Automatisierung:

    Arbeitsvolumen der Lötfachkräfte   → minimieren.

Aus der Betrachtung des gesamten Systems der Fertigungs- und Rationalisierungselemente können, bezogen auf die Lötfertigung, die folgenden 10 Gebote der Löttechnik abgeleitet werden:

1. **Gebot**: *optimiere* die **Qualität** der Lötverbindungen und Lötbaugruppen;

2. **Gebot**: *optimiere* die **Qualitätsmenge** der Lötbaugruppen;

3. **Gebot**: *minimiere* das **Schädigungsrisiko** durch die Lötbaugruppe und die Lötfertigung;

4. **Gebot**: *minimiere* die **Materialmenge** für die Fertigung der Lötbaugruppen;

5. **Gebot**: *minimiere* die **Prozessstufen** bei der Lötfertigung;

6. **Gebot**: *minimiere* die **Energie** bei der Lötfertigung;

7. **Gebot**: *minimiere* die **Informationen** bei der Lötfertigung;

8. **Gebot**: *minimiere* die **Produktionsflächen** bei der Lötfertigung;

9. **Gebot**: *minimiere* die **Prozesszeit** bei der Lötfertigung und

10. **Gebot**: *minimiere* das **Arbeitsvolumen** der Lötfachkräfte bei der Lötfertigung.

Wie bereits oben erwähnt, sind in diesen Geboten auch die End- oder laufenden Qualitätsprüfungen zu beachten.

Nach [ISIF-14] ist unter Modernisierung die Nutzung technisch-organisatorischer Innovationen in der Produktion und die damit erzielten Verbesserungen der Leistungsfähigkeit im verarbeitenden Gewerbe zu verstehen. In Ergänzung zu dieser allgemeinen Definition sollen unter dem Begriff Modernisierung auch konkrete, messbare Maßnahmen zur Reduzierung der Materialmengen, der Prozessstufen, der Energie oder der erforderlichen Informationen verstanden werden. Ähnlich verhält es sich auch mit den Begriffen Qualifizierung, Intensivierung und Mechanisierung bzw. Automatisierung. Das entwickelte Rationalisierungssystem erlaubt damit eine objektive quantitative Bewertung des Fertigungsprozesses Löten für alle Hersteller von Lötbaugruppen. Bei der Rationalisierung der Fertigung sollten die entsprechenden Maßnahmen (Bild 1), ausgehend vom 1. Gebot, nacheinander und letztlich bis zum 10. Gebot erarbeitet werden.

RATIONALISIERUNGS-ELEMENTE		FERTIGUNGSELEMENTE							
		Lötbau-gruppe	Lötprozess			Lötmittel			Lötfachkraft
			Lötverfahren	Lötmaterialien	Lötparameter	Löteinrichtung	Lötvorrichtung	Lötgerät	
Qualifizierung	Qualität optimieren	1. Gebot							
Qualifizierung	Qualitätsmenge optimieren	2. Gebot							
Humanisierung	Schädigungsrisiko minimieren	3. Gebot → risikoarme Produkte und Fertigung							
Modernisierung	Materialmenge minimieren	4. Gebot → materialarme Produkte und Fertigung							
Modernisierung	Prozessstufen minimieren	5. Gebot → prozessstufenarme Produkte und Fertigung							
Modernisierung	Energie minimieren		6. Gebot → energiearme Fertigung						
Modernisierung	Information minimieren		7. Gebot → informationsarme Fertigung						
Intensivierung	Prozessfläche minimieren		8. Gebot → flächenarme Fertigung						
Intensivierung	Prozesszeit minimieren		9. Gebot → zeitarme Fertigung						
Mechanisierung Automatisierung	Arbeitsvolumen minimieren		10. Gebot →						automatisierte Fertigung

Bild 1. Fertigungs- und Rationalisierungselemente (10 Gebote der Löttechnik)

Die Betrachtungsweise erfolgt hier beispielhaft für die Lötfertigung und kann darüber hinaus natürlich auch für andere Fertigungs- und Produktionsprozesse angewendet werden.

Weiterhin ist bei der Fertigung von Lötbaugruppen nicht zuletzt auch die Systemeigenschaft "Demontierbarkeit" mehr als früher zu beachten. Diese Eigenschaft wird immer wichtiger für die Rückgewinnung von Baugruppenkomponenten und teurer, seltener Werkstoffe durch Recycling bzw. Re-use. In diesem Zusammenhang ist die Mitteilung [Schm-14] über ein Unternehmen in Berlin/Brandenburg interessant, das sich auf die Weiterverwertung von Gebraucht-Elektronik spezialisiert hat. Hier werden monatlich ca. 20.000 hochwertige Smartphones für durchschnittlich 120 Euro aufgekauft und generalüberholt. Der Wiederverkauf der geprüften Geräte erfolgt für einen Verkaufspreis deutlich über 200 Euro. Das erfolgreiche Unternehmen will künftig weiter in Europa expandieren.

2 Die 10 Gebote der Löttechnik

2.1 Optimierung der Qualität der Lötverbindungen und Lötbaugruppen (1. Gebot)

Die Qualität der Lötverbindungen bestimmt sich als kleinster Wert aller notwendigen gemessenen und/oder geschätzten Übereinstimmungen der gefertigten mit den projektierten Konstruktionseigenschaften, den Funktionseigenschaften sowie den Gebrauchseigenschaften der Lötverbindungen in den entsprechenden Lötbaugruppen bis zur vorgegebenen Lebensdauer, die als Verbindungswertigkeit bezeichnet wird [Witt-11.1]. Bestimmte Eigenschaften der Lötverbindungen, wie z.B. der Geruch oder die fühlbare Oberflächengüte der Lötbaugruppen nach dem Löten, lassen sich heute noch nicht mit vertretbarem Aufwand messen, weshalb hier subjektive und statistisch gesicherte Schätzungen von Fachkräften aus der Qualitätssicherung genutzt werden. Die Verbindungswertigkeit als Ausdruck der Verbindungsqualität kann sinnvolle Werte zwischen 0 und 1 annehmen, wobei eine Verbindungswertigkeit von 1,0 qualitativ dem Grundwerkstoff entspricht. Höhere Verbindungswertigkeiten sind in der Regel nicht sinnvoll. Das 1. Gebot verlangt aber die Fertigung einer optimalen Qualität, z.B. mit einer Verbindungswertigkeit von 0,8, nicht aber der bestmöglichen Qualität. Es gilt immer, nach den Prinzipien "technisch machbar" und "wirtschaftlich sinnvoll" zu handeln. So könnte z.B. ein Weichlot für eine Lötverbindung verwendet werden, die bei normalen Betriebstemperaturen lediglich dicht sein muss (Verbindungswertigkeit = 1), wobei die auf die Festigkeit bezogene Verbindungswertigkeit einen Wert von nur 0,3 hat (z.B. Konserven-Fertigung).

Außerdem sollte bei der Rationalisierung beachtet werden, dass in jeder Lötfertigung Abweichungen von der geforderten Qualität auftreten. Auftretende Fehler können systematisch oder zufällig sein. Solange diese die zulässigen Toleranzen nicht überschreiten, können die Lötverbindungen als Gut-Produkte verwendet werden. Bei mangelhaften Lötverbindungen überschreiten die Abweichungen die zulässige Toleranz und das Ergebnis muss entweder nachgebessert oder als Ausschuss verworfen werden (Bild 2).

Systematische Lötmängel erfordern eine geplante Nacharbeit. Ein typisches Beispiel dafür ist das Löten mit korrosiven Flussmitteln, wo durch eine entsprechende Nacharbeit die unzulässigen Flussmittelrückstände beseitigt werden. Dagegen sind zufällige Lötfehler, wie z.B. Lotbrücken auf elektronischen Baugruppen, nicht vorhersehbar. Derartige unzulässige Mängel erfordern, soweit möglich, eine Nachbesserung oder Reparatur. Ist das nicht möglich bzw. mit einem zu hohen Arbeitsvolumen verbunden, z.B. unter BGA-Bauelementen, handelt es sich um Ausschuss.

Abweichung von der geforderten Qualität				
keine	zulässige	unzulässige		Fehler
Nennmaß bzw. Nennwert	**Toleranz**	**Mangel**		**systematische (unvermeidbare)**
		Nacharbeit		
		Reparatur		**zufällige (vermeidbare)**
Gut-Produkte		**Ausschuss**		

Bild 2. Gutprodukte und mögliche Qualitätsabweichungen (in Anlehnung an [ISO-286][ISO-9000])

Die Optimierung der Verbindungsqualität sollte in Ergänzung zu DIN 8514 [DIN-8514] unbedingt unter Beachtung des Lötbarkeitssystems mit seinen Elementen "Lötmöglichkeit", "Löteignung" und "Lötsicherheit" erfolgen (Bild 3).

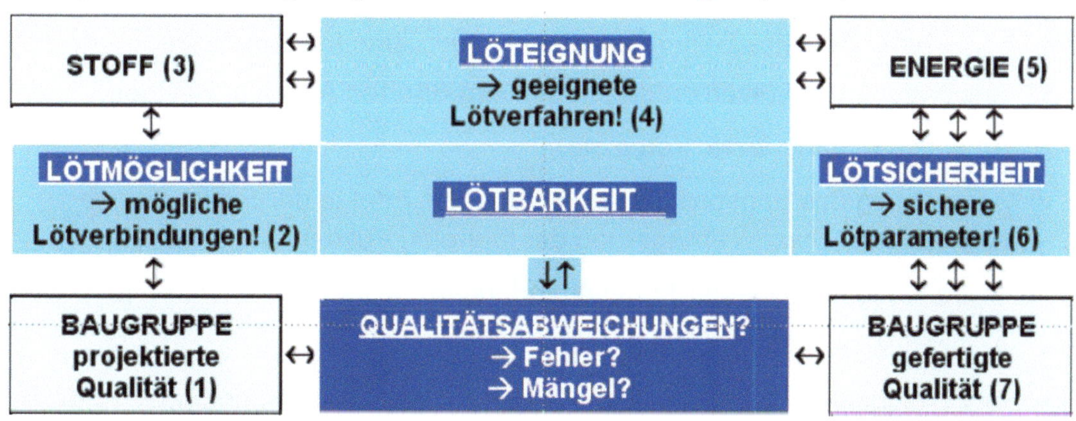

Bild 3. Lötbarkeitssystem mit den Elementen Lötmöglichkeit, Löteignung und Lötsicherheit [Witt-11.1]

Die Projektierung der Lötfertigung beginnt mit der Analyse der Haupteinflussfaktoren (global wirkende Faktoren, z.B. Löttemperatur) für die projektierten Lötbaugruppen und erfolgt dann über die Etappen Lötverbindungen, Lötstoffe, Lötenergie, Lötverfahren und letztlich bis zu den Lötparametern. Ähnlich wird auch mit den Nebeneinflussfaktoren (lokal wirkende Faktoren, z.B. Lotmenge) vorgegangen. Wenn dabei die gefertigte Qualität der Lötverbindungen nicht der projektierten optimalen Qualität entspricht, wird die Lösung in umgekehrter Reihenfolge erarbeitet – zuerst durch Veränderungen der Lötparameter (einfachste Variante), dann der Lötverfahren, der Lötenergie, der Lötstoffe und letztlich der Lötverbindungen bis hin zum Austausch der gewählten Grundwerkstoffe (i.d.R. aufwendigste Variante).

Die wichtigsten Qualitätsabweichungen von Lötverbindungen bzw. Lötbaugruppen sind in Bild 4 zusammengestellt. In tragenden Lötverbindungen als klassische Maschinenbauelemente kann also neben der immer erforderlichen Festigkeit auch eine entsprechende Robustheit gegenüber anderen Lötfehlern bzw. Lötmängeln zur optimalen Qualität notwendig werden. Die Rationalisierung der Lötfertigung nach dem 1. Gebot führt in der Folge möglicherweise auch zu weiteren Rationalisierungseffekten nach anderen Geboten. Die Qualitätsoptimierung führt zur → Minimierung der Prozessstufen (5. Gebot) da minimaler oder kein Aufwand für Nachbesserung von Lötfehlern und Nacharbeit von Lötmängeln erforderlich ist sowie zur → Minimierung der Materialmenge (4. Gebot), der Energie (6. Gebot) und der Zeit (9. Gebot).

Bekannte und alternative Methoden zur Steigerung der Verbindungswertigkeit, was oft eine Erhöhung der Festigkeit erfordert, sind im Folgenden aufgelistet:

- Anwendung von Lötverbindungen mit vergrößerten Anschlussflächen,

- Anwendung höherfester Fertiglote,

- Anwendung des Engspaltlötens, das u. a. die Effekte der Skalentheorie (Verfestigung durch Verringerung der lateralen Ausdehnung) nutzt,

- Anwendung kombinierter Fügeverbindungen,

- Anwendung von Verbundloten,

- Anwendung von Maßnahmen zum Legieren des Lötgutes und/oder zum Veredeln der Lötverbindungen vor, während und/oder nach dem Lötprozess zur Erreichung der Verbindungswertigkeit 1,

- Minimieren des Lötausschusses durch vorgelagerte Qualitätsprüfung,

- Minimierung der möglichen Lötfehler bzw. Lötmängel,

- Anwendung von adaptiven Schmelzlötverbindungen und

- Anwendung des Übersoliduslötens.

Für viele tragende Lötbaugruppen ist die Festigkeit eine Haupteigenschaft. Das heute dominierende klassische Untersoliduslöten führt unvermeidlich zu einer geringeren Festigkeit der Schmelzlötverbindungen im Vergleich zum Grundwerkstoff (Bild 5).

MÖGLICHE QUALITÄTS-ABWEICHUNGEN IN DEN LÖTVERBINDUNGEN	WERKSTOFFBEREICHE IN DEN LÖTVERBINDUNGEN						
	Grundwerkstoff (GW)	Verfahrensbeeinflusster GW	Diffusionszone (DZ)	Übergangsphase (ÜP)	Mischkristallschicht (MS)	Lötgut (LG)	Lötverbindung (LV)
Risse	■	■	■	■	■	■	
Durchschmelzungen		■	■				
Einschlüsse					■	■	
Poren			■		■	■	
Lunker						■	
Oberflächenbelegungen							■
Falschbenetzungen							■
Lageabweichungen							■
Gestaltabweichungen							■

Bild 4. Mögliche Qualitätsabweichungen in Schmelzlötverbindungen

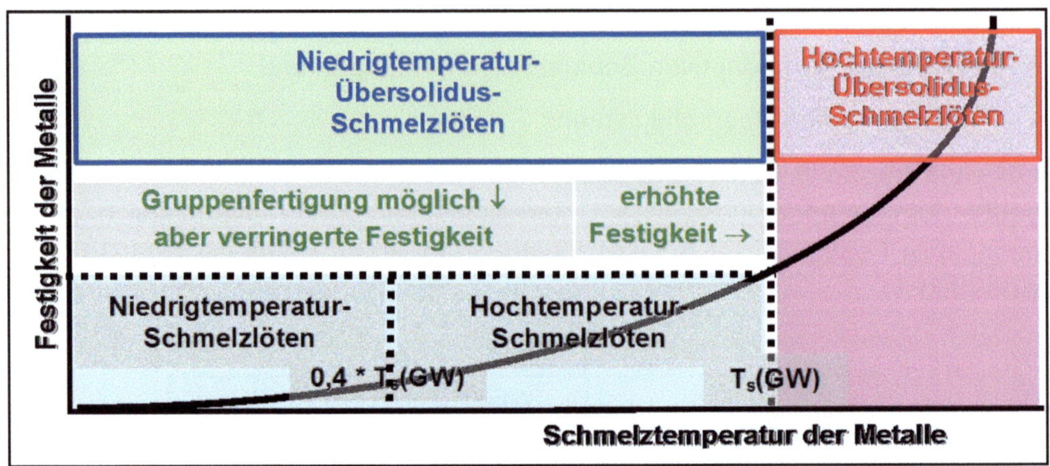

Bild 5. Vorteile und Nachteile des Schmelzlötens unterhalb der Solidustemperatur des Grundwerkstoffes (Untersoliduslöten)

In der Praxis erreicht man eine höhere Tragfähigkeit der Verbindungen vorzugsweise durch die Verwendung von Überlapp- und/oder Einsteckverbindungen mit vergrößerten Lötflachen (Bild 6).

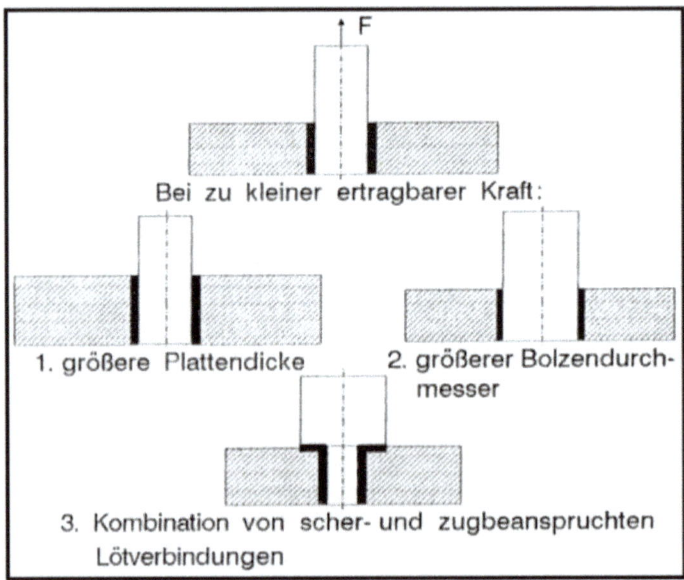

Bild 6. Erhöhung der Tragfähigkeit von Lötverbindungen durch vergrößerte Anschlussflächen

Das widerspricht aber dem 4. Gebot (materialarme Produkte) und dem wirtschaftlich notwendigen Leichtbau auch in der Fertigung von Lötbaugruppen. Mit einer Kombination von scher- und zugbeanspruchten Lötverbindungen kann zwar die Festigkeit erhöht werden, eine Verbindungswertigkeit = 1 wird aber trotzdem nicht erreicht (Bild 7). Das gilt sowohl für die Scherzugfestigkeit als auch für die Scherdruckfestigkeit.

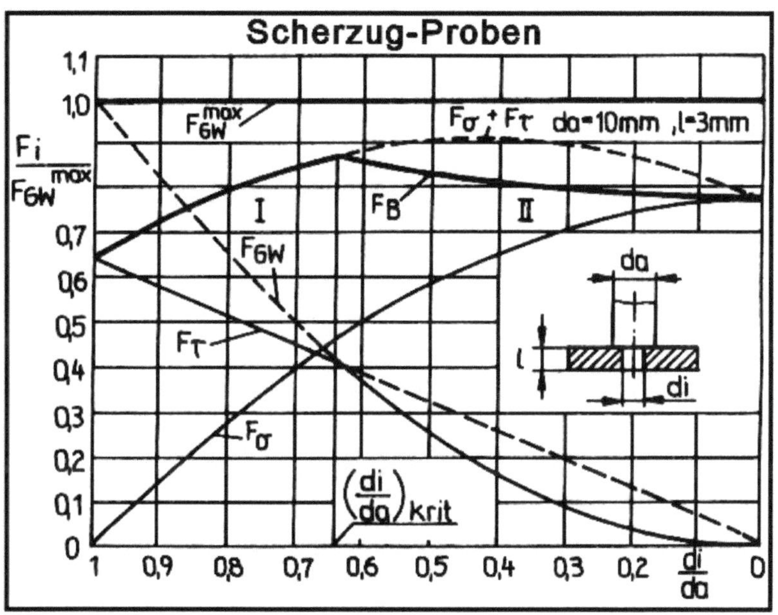

Bild 7. Erhöhung der Tragfähigkeit von Lötverbindungen

Die Qualitätsoptimierung kann stattdessen auch durch die Rationalisierungsmaßnahme "Anwendung höherfester Fertiglote" gelöst werden. Das setzt in der Regel eine aufwendige Lotentwicklung voraus. Ein solcher Aufwand wird z.B. für besonders hochwertige oder kritische Lötbaugruppen in Kauf genommen. Ein Beispiel ist die Lotentwicklung für Baugruppen, die in der Raumfahrt angewendet werden. Für die Entwicklung und Anwendung verschiedener alternativer Fertiglote auf der Basis von NiMnSi-Legierungen für das Schmelzlöten von hochlegierten Stählen [Khor-08]. Zu den untersuchten Lotsystemen gehörten NiMnCuSi-, NiMnSiCr- und NiMnSiFeCr-Lote, die zu entsprechenden Lotpasten verarbeitet wurden. Die damit hergestellten Lötverbindungen hatten Festigkeitswerte von 318 MPa bis 620 MPa. Die technische Bedeutung der genannten Baugruppen leitet sich teilweise aus der geforderten extrem kurzen Lebensdauer von nur ca. 2 min bei einer extrem langen Entwicklungsdauer von zwei Jahren ab.

Ein anderes Beispiel widmet sich dem Porengehalt von Lötverbindungen als wichtiges Qualitätskriterium. In der Leistungselektronik, wo hohe Stromdichten und Verlustleistungen der Bauelemente eine möglichst homogene elektrische und thermische Leitfähigkeit der Verbindungen erfordern, werden die zulässigen Grenzen des Porengehaltes intensiv diskutiert. Aber auch die fortschreitende Miniaturisierung erfordert möglichst porenarme Lötverbindungen. Umfangreiche Untersuchungen beschäftigten sich mit der statistischen Analyse wesentlicher Einflussgrößen der Porenbildung und -minimierung. Neben der Substrat- und Bauteilbeschichtung, der Löttemperatur, der Vorwärmung, der Lötstellengeometrie und vieler anderer Faktoren stellt die Lotpaste selbst den Haupteinfluss dar. Bild 8 zeigt deutlich, dass Lötverbindungen (in diesem Fall ein sogenanntes "Ball Grid Array = BGA"), die nur mit dem Lot der Bauteile ohne zusätzliche Lotpaste hergestellt wurden, fast keine Poren aufweisen.

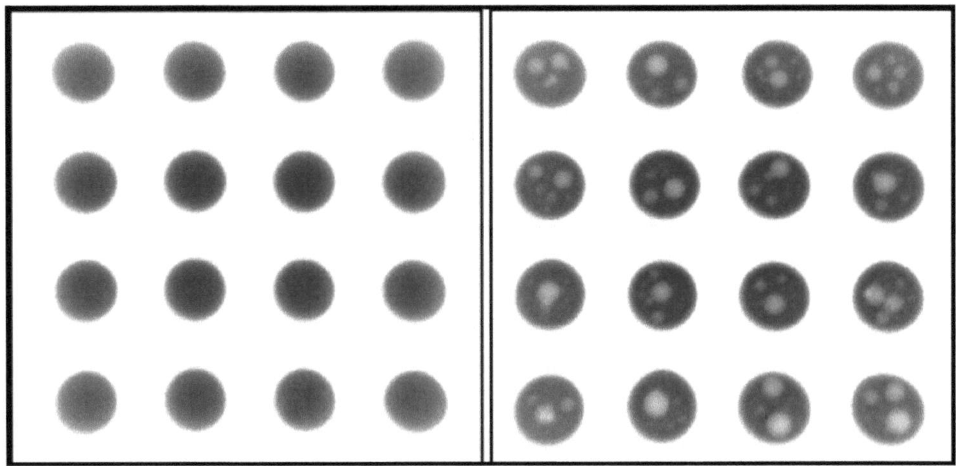

Bild 8. Röntgenbilder gelöteter BGA-Bauelemente; links: mit Lotpaste gelötet, rechts: die Lötanschlüsse (Balls) wurden vor dem Löten nur mit Flussmittel benetzt [Bell-10]

Im Ergebnis dieser Studie steht die Bewertung der Wechselwirkung unterschiedlichster Bauteiltypen, Leiterplatten, Flussmittel und Lotpasten mittlerweile als Datenbank [Wohl-15] zur Verfügung und kann zur Optimierung der individuellen Lötverbindungsqualität herangezogen werden.

Die in Bild 9 dargestellten Varianten kombinierter Fügeverbindungen gestatten auch mittels relativ einfacher konstruktiver oder technologischer Rationalisierungslösungen, die Verbindungsfestigkeit zu erhöhen.

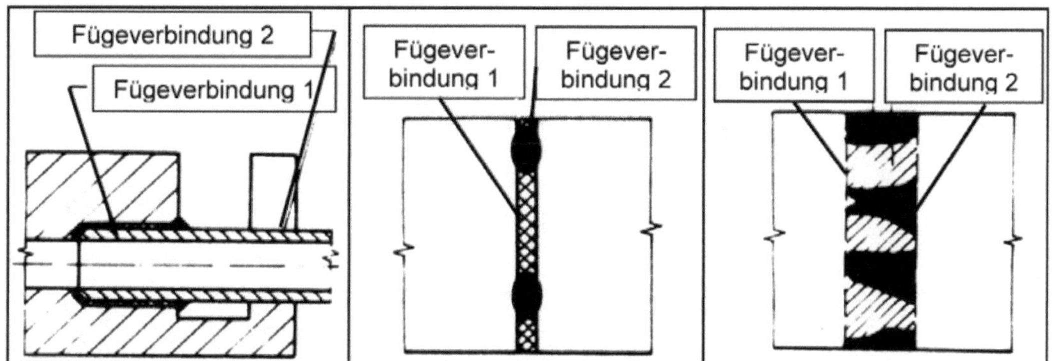

Bild 9. Kombinierte Löt-Formschluss-Verbindung (links), kombinierte Löt-Punkschweiß-Verbindung (Mitte) und Löt-Nahtschweiß-Verbindung (rechts) - Fügeverbindung 1 ist immer die Lötverbindung

Die links dargestellte Rohr-Rohr-Lötverbindung zeigt in der klassischen Konstruktionsvariante eine unzureichende Dauer- bzw. Ermüdungsfestigkeit. Die patentierte Lösung verbessert dagegen diese Festigkeitseigenschaften durch die Kombination dieser Stoffschlussverbindung (Lötverbindung) mit einer einfach zu fertigenden Formschlussverbindung (Einschnitt in das Rohrende). Die Kombination der flächigen Lötverbindung (Bild 9 Mitte) mit einzelnen zusätzlichen Schweißpunkten erhöht deutlich die Verbindungsfestigkeit. Die Schweißpunkte können in der Vormontage als Heftung genutzt werden, so dass die entsprechende Lötbaugruppe dann vorrichtungsfrei gelötet werden kann. Die in Bild 9 rechts schematisch dargestellte Lösung zeigt eine Rationalisierungsvariante, wo im Ergebnis des Schmelzlötens unter bestimmten Bedingungen ein gemischtes Gefüge, abwechselnd aus Schmelzlötverbindungen und Schmelzschweißverbindungen, gebildet wird. Derartige kombinierte Lötverbindungen entstehen z.B. beim Löten von Stählen und/oder Eisengusswerkstoffen, deren Kohlenstoffgehalt sich unwesentlich unterscheidet. In Bild 10 ist die Verbesserung der Scherfestigkeit durch die Anwendung von kombinierten Lötverbindungen gut zu erkennen. Der Zuwachs der Verbindungswertigkeit beträgt für die untersuchten Werkstoffe etwa 0,4! Das ist eine bedeutsame Verbesserung der Qualität der Lötverbindungen, die durch zahlreiche Untersuchungen in unterschiedlichen Projekten immer wieder bestätigt wurde.

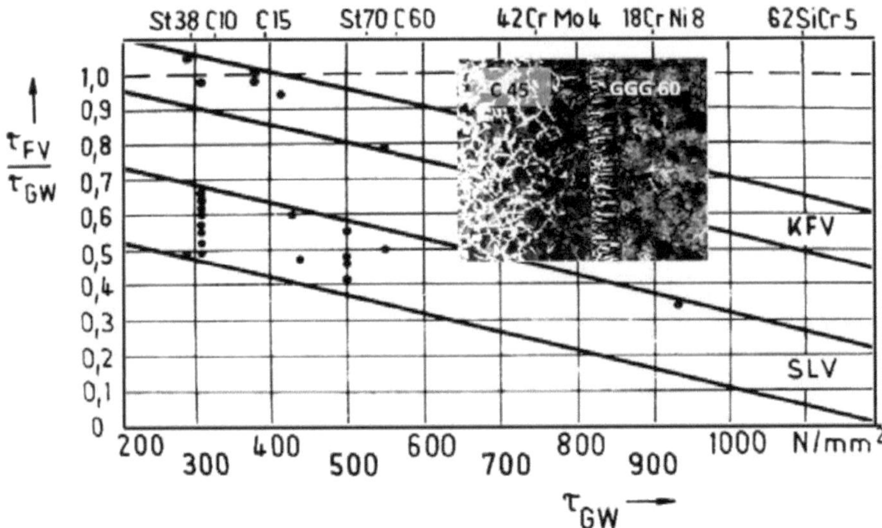

Bild 10. Verbesserung der Verbindungswertigkeit (Verhältnis der Scherfestigkeit) durch Übergang von den üblichen Schmelzlötverbindungen (SLV) zu den alternativen kombinierten Schmelzlöt-Schmelzschweiß-Verbindungen (KFV)

Diese kombinierten Lötverbindungen entstehen insbesondere dann, wenn die Vormontage mit einem negativen Montagespalt erfolgt. Deshalb wird ein derartiges Lötverfahren auch als "Engspaltlöten" bezeichnet, das die Effekte der Skalentheorie (Verfestigung durch Verringerung der lateralen Ausdehnung) nutzt.

Schmelzlötverbindungen mit Verbundlötgut [Witt-07] können ebenfalls zur Optimierung der Festigkeit (1. Gebot) verwendet werden. Ein Verbundlot nach Coxe [Coxe-52] zeigt Bild 11. Dieses Verbundlot wird aus einem metallischen Kern aus Ti, Zr oder Hf (Bild 11 A, *12b*) und einem Mantel aus einer Legierung aus Au, Ag, Cu, Ni und/oder Al (Bild 11 A, *12a*) gebildet. Das Verbundlot ist für Baugruppen vorgesehen, in denen mindestens ein Bauteil aus einer Keramik besteht. Bild 11 A zeigt die Anordnung der Lotkomponenten vor dem Löten. Bild 11 B zeigt eine fertige Lötverbindung mit diesem Verbundlot. Hier wird dem 1. Gebot mit dem Ziel nach höherer Festigkeit der Lötverbindung und gleichzeitig dem Ziel einer optimierten Lötbarkeit entsprochen. Bild 11 C zeigt die Rationalisierungsvariante zum 10. Gebot über das In-situ-Legieren des Lotmantels.

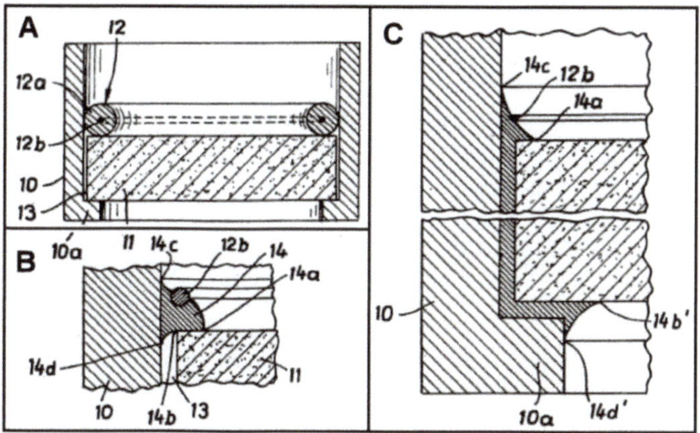

Bild 11. Verbundlot-Varianten [Coxe-52]

Das Übersoliduslöten ist ein alternatives Schmelzlötverfahren, beim dem auch der Grundwerkstoff lokal und temporär thermisch angeschmolzen wird. Deshalb können hierbei prinzipiell auch Lote mit Schmelztemperaturen über der Schmelztemperatur des Grundwerkstoffs eingesetzt werden [Witt-07]. Diese in der Löttechnik eher unübliche Werkstoffauswahl macht die Herstellung von Lötverbindungen mit einer Festigkeit oberhalb der zu verbindenden Grundwerkstoffe möglich. Die vielfältigen Möglichkeiten der Anwendung einer solchen In-situ-Lötmetallurgie sind heute noch wenig erprobt und bekannt.

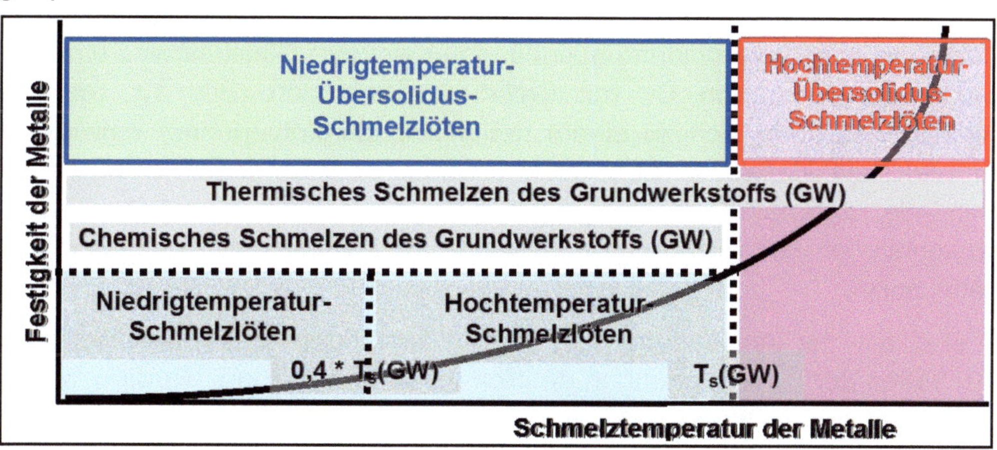

Bild 12. Übersoliduslöten führt zu Lötverbindungen höherer Festigkeit [Witt-13]

In Anlehnung an die konventionelle Metallurgie sollten künftig auch solche Einzelprozesse wie Schmelzbehandlung, Entgasung, Reinigung oder Kornfeinung der Lötgutschmelze genauer untersucht werden, um die Eigenschaften der Übersolidusverbindungen zu optimieren. Erste Studien führten bereits zu sehr interessanten Ergebnissen (Bild 13).

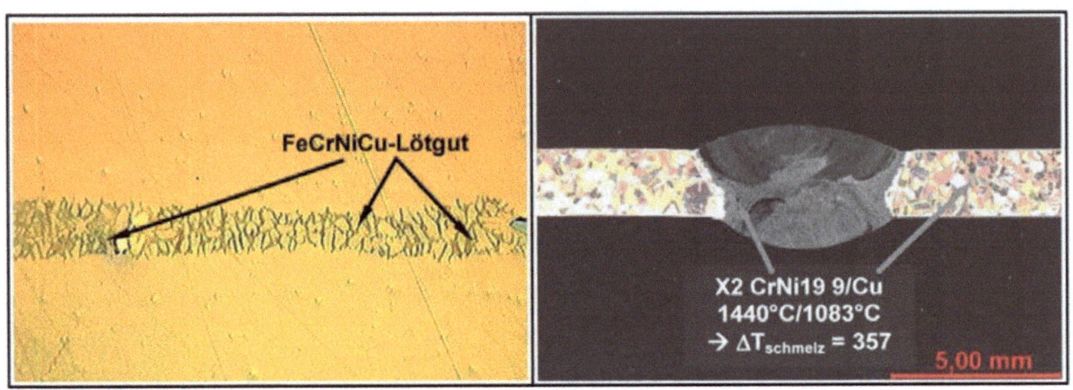

Bild 13. Übersolidus-Widerstandslöten (links) und Übersolidus-Lichtbogenlöten (rechts)

Das Widerstandslöten von Cu mit einer 50-µm-dicken Lotfolie aus CrNi-Stahl führt bei entsprechen Lötparametern zu einem Verbund-Lötgut aus lokalen Schmelzlötverbindungen und lokalen Schmelzschweißverbindungen. Damit kann von einer qualitätsgerechten Lötverbindung ausgegangen werden. Gleiches wird erreicht beim Lichtbogen-Handlöten von Cu mit CrNi-Stahl-Elektroden (Bild 13, rechts). Das Übersoliduslöten kann sich zu einem neuen Standardlötverfahren entwickeln, das immer mehr die klassische Löttechnik ergänzt. Das ist u. a. bedingt durch die zunehmende und natürliche Integration der Schweißtechnik mit ihren Schweiß-Zusatzwerkstoffen und technischen Schweiß-Einrichtungen mit den Besonderheiten der Löttechnik.

Dass sich mit der Anwendung von partikelverstärkten Loten die mechanischen Eigenschaften der Lötverbindungen deutlich verbessern lassen, wurde u. a. in [Albe-69] untersucht und auch nachgewiesen (Bild 14).

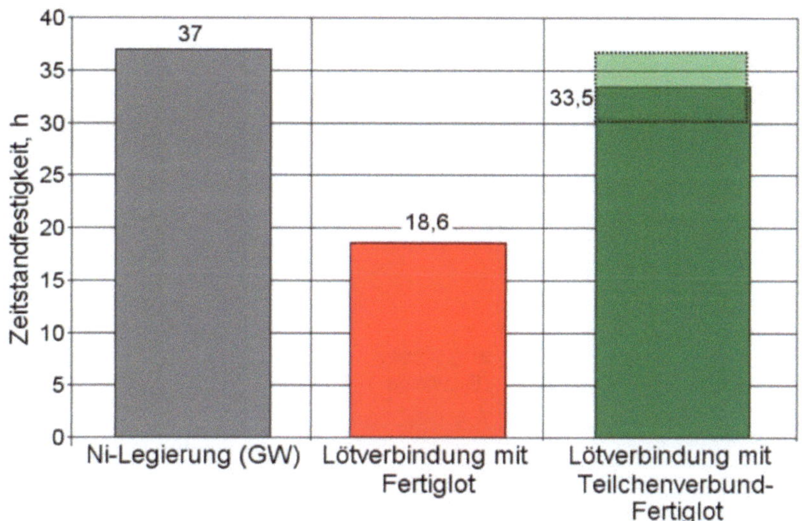

Bild 14. Erhöhung der Tragfähigkeit von Lötverbindungen durch In-situ-Auflegieren des Fertiglotes [Albe-69]; Grundwerkstoff (GW): NiCr15Nb3Mo3W3Fe7AlTiBC, Fertiglot: AgCu40Zn5Ni1-Pulver, Teilchenverbund-Fertiglot: Fertiglot-Pulver + 65 % Ni-Pulver)

Dieses Ergebnis zeigt, dass diese Art von Zusatzwerkstoffen für das Schmelzlöten für die Lot-Hersteller und -Distributoren eigentlich Standard auf dem Markt sein sollte. Den Anwendern würden damit immer nur grundwerkstoffspezifische Verbundlote in Form von Pasten, Lotfolien oder Lotformteilen angeboten. Schmelzlötverbindungen mit deutlich verbesserten Systemeigenschaften und einer Verbindungswertigkeit von etwa ≈ 1 ohne Nachbehandlungen können hergestellt werden, wobei die Pulverkomponente immer aus dem jeweiligen Grundwerkstoff hergestellt wird. Man kann also für jeden Grundwerkstoff – in Analogie zur Schweißtechnik – immer das entsprechend legierte Verbundlot anwenden.

Der Mangel der Anwendung von Verbund-Lotpasten besteht aber bekannterweise in den fehlenden oder aber ungenügend ausgebildeten Hohlkehlen. Hier kann die Anwendung von "negativen Hohlkehlen" nützlich sein. Ihre mögliche Anwendung ist in einem Patent [JP60-83] belegt (Bild 15 links). Diese Variante muss noch konstruktiv überprüft werden. Sie hat aber auch den Vorteil, dass zur weiteren Montage kein Nachweis bzw. Prüfen der Hohlkehlenabmessungen durchgeführt werden muss. Das entspricht dem 7. Gebot nach einer informationsarmen Fertigung.

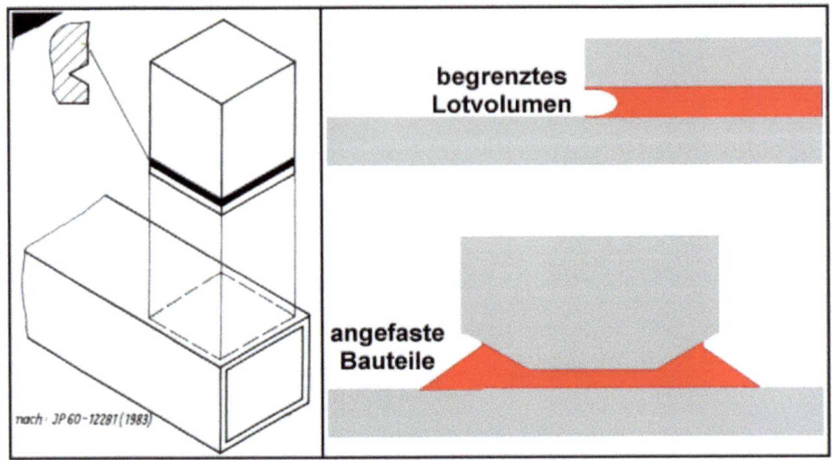

Bild 15. Varianten von negativen Hohlkehlen [JP60-83]

Durch die zunehmende Anwendung von hochfesten temperaturbeständigen Konstruktionswerkstoffen (Bild 16) ergeben sich zusätzliche Lötbarkeitsprobleme.

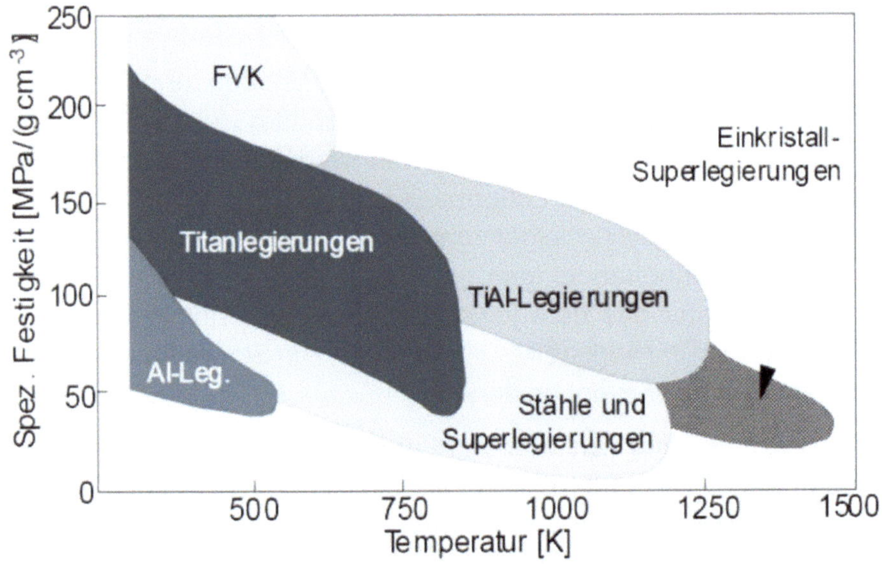

Bild 16. Werkstoffe für den festigkeitsoptimierten Leichtbau [Brud-12]

Das Löten hochfester Stähle, Ti-Legierungen, intermetallischer Titanaluminiden (TiAl), polykristalliner Superlegierungen und Einkristall-Superlegierungen ist bis heute noch sehr problematisch.

Bei der konstruktiven Fertigungsvorbereitung des Lötens hat die Werkstoffwahl also eine primäre Bedeutung. Das erklärt sich einerseits über die notwendigen Konstruktions-, Funktions- und Gebrauchseigenschaften, die erfüllt werden müssen, andererseits hat der finanzielle Aufwand entscheidenden Einfluss auf die Werkstoffauswahl. Weiterhin ist bei der Fertigung von Lötverbindungen nicht zuletzt auch die Systemeigenschaft "Demontierbarkeit" bzw. "Recycelbarkeit" zu beachten. Diese Eigenschaft wird immer wichtiger zur Rückgewinnung von Baugruppenkomponenten und teuren bzw. seltenen Werkstoffen.

Um die Optimierung der Qualität von Lötbaugruppen zu unterstützen, wäre der Aufbau einer Datenbank von Versagensfällen von Lötbaugruppen bzw. Lötverbindungen sinnvoll. Mit den Mustern sollten auch einheitlich und systematisch strukturierte Konstruktions-, Technologie- und Beanspruchungs- bzw. Prüfprotokolle archiviert werden. Diese Sammlung würde es gestatten, zu geeigneter Zeit auch neuentwickelte Prüfmethoden zur zerstörungsfreien Schadensanalyse anzuwenden. Solche Methoden sind z.B. die hochauflösende Röntgenmikroskopie und Röntgentomographie oder die Protonenmikroskopie, die es ermöglicht, auch bewegte Bilder mit hoher Auflösung und Dynamik zu analysieren (Bild 17).

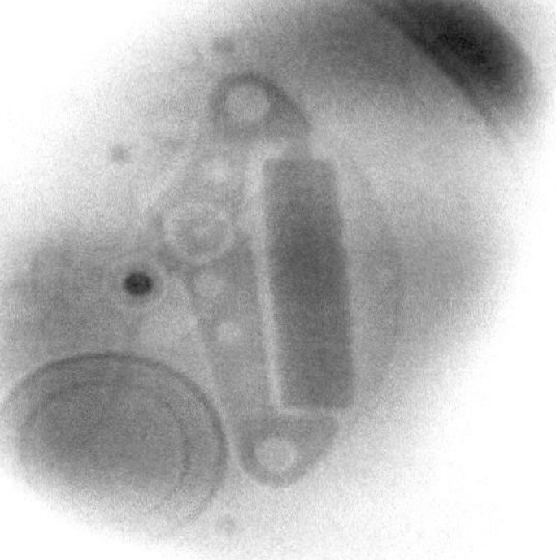
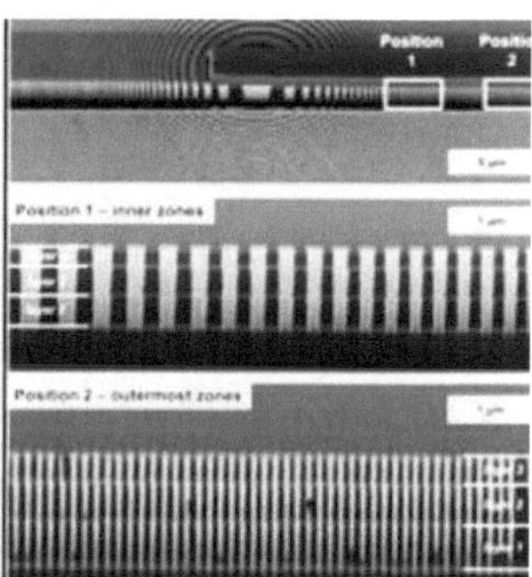

Durchleuchtete Armbanduhr   Drei Fresnel-Zonenplatten
übereinander gestapelt

Bild 17. Protonenmikroskopie nach [GSI-14] und neuartige
Röntgenoptik nach [Wern-14]

2.2 Optimierung der Qualitätsmenge der Lötbaugruppen (2. Gebot)

Die Qualitätsmenge stellt die Anzahl der qualitätsgerecht hergestellten Produkte in einem betrachteten Zeitraum dar. Die nach dem 1. Gebot gefertigte optimale Qualität ist die auf dem Markt mit Gewinn realisierbare Qualität (Bedarf). Die Festlegung der Marktqualität erfolgt in der Regel nach den Kriterien:

- "Variante technisch möglich?" – Bewertung durch Analyse bekannter Lösungen im eigenen Haus und/oder auf dem Markt und wenn notwendig Entwicklung neuer alternativer Lösungen und

- "Variante wirtschaftlich sinnvoll?" durch Vergleich des Aufwandes im Unternehmen mit den marktüblichen Preisen.

Nach den gleichen Kriterien sollte auch die Festlegung der Menge der gefertigten optimierten Lötbaugruppen bzw. Lötverbindungen erfolgen, man bestimmt also die "Qualitätsmenge". Die Qualitätsmenge definiert über die auf dem Markt realisierbare und technisch mögliche sowie wirtschaftliche sinnvolle Anzahl der von der Qualität her optimierten Produkte entsprechend Angebot und Nachfrage. In der zu optimierenden Qualitätsmenge sind zwei Positionen zu unterscheiden:

- Menge der zum Verkauf gefertigten Produkte ($N_{fert} \rightarrow$ opt), das ist eine vom Hersteller durch Marktanalyse zu beeinflussende Untermenge und

- Menge der auf Lager gefertigten Produkte ($N_{lag} \rightarrow$ opt), deren Minimierung u. a. den Aufwand für Produktionsfläche, Energie und Prozesszeit verringert (8., 6. und 9. Gebot).

Letztere Menge dient dem evtl. notwendigen sofortigen Austausch von beim Käufer während der Nutzung beschädigten Produkten und der Lagerung auch von anderen Produkten, Werkzeugen, Vorrichtungen und Materialien (siehe auch [Lage-15]).

Zur Optimierung der Qualitätsmenge von Lötbaugruppen ist sowohl die Fertigung optimierter Lötverbindungen als auch eine Minimierung des Lötausschusses erforderlich.

Für die optimale Marktmenge ist dagegen eine aktuelle Marktanalyse wichtig. Die Optimierung der Lagermenge macht auch eine laufende Schadensanalyse der geschädigten Produkte notwendig, deren Ursachen nach einheitlichen Strukturen systematisch zu analysieren sind.

Die moderne Raumfahrttechnik verlangt z.B. Prüfungen, die unter irdischen Bedingungen extrem aufwendig sind. Hier wird also alleine nach dem Kriterium "technisch machbar" entschieden, die Wirtschaftlichkeit ist dabei kaum relevant (Bild 18).

Bild 18. Vakuumkammer: 37 m hoch, 3 m Durchmesser, Druck ein Milliardstel des irdischen Atmosphärendrucks, Abkühlung bis auf -196 °C, hartes UV-Licht simuliert die Sonneneinstrahlung im Weltraum [NASA-09]

Die Ausfallanalyse ist – im Zusammenhang mit der Arbeit an der Qualitätsmenge – möglichst durchgängig von der Projektierung bis zur Endprüfung anzuwenden. Das ist die wichtige Schnittstelle zwischen Unternehmen und Kunden. Hier werden die bei den Kunden eingetretenen Ausfälle registriert und Entscheidungen zur Lösung dieser Probleme beim Hersteller getroffen. Damit könnten auch die Zusammenhänge zwischen den konkreten Belastungskollektiven und der Veränderung z.B. der Anrisse bzw. des Rissverlaufs im Lötgut, des Gefüges und der chemischen Zusammensetzung der Lötverbindungen noch besser verstanden und dann auch zielgerichtet genutzt werden.

Im Besonderen könnten z.B. die Ergebnisse der Untersuchungen des Einflusses der Textur des Gefüges auf die Risswahrscheinlichkeit bestätigt werden. Einige Untersuchungsergebnisse zur Anisotropie der Systemeigenschaften von Schmelzschweißverbindungen zeigt Bild 19.

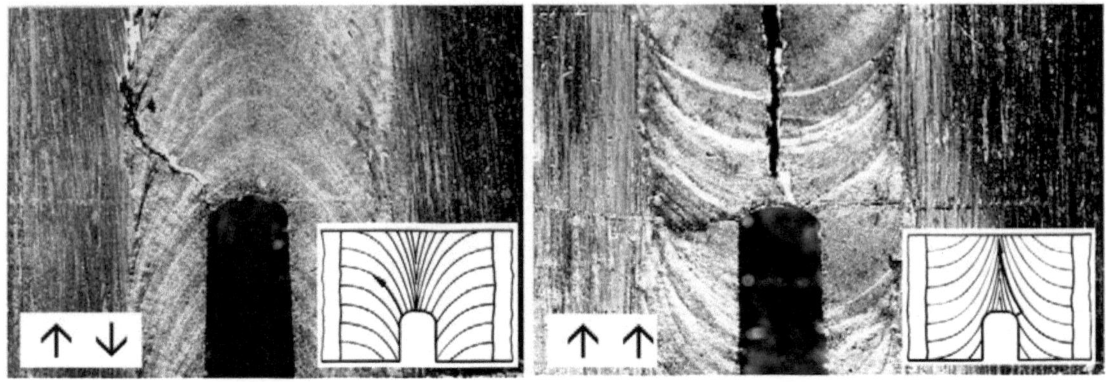

Bild 19. Bruchverlauf gegen Schweißrichtung (links) und in Schweißrichtung (rechts)

Diese Erfahrungen sind selbstverständlich unmittelbar auf Schmelzlötverbindungen übertragbar, da ja dasselbe Erstarrungsgefüge nur in Verbindungen mit einer veränderten chemischen Zusammensetzung vorliegt (siehe auch Bild 20). Es ist leicht zu erkennen, dass der Bruch vorzugsweise entlang der Korngrenzen zwischen den stengelförmigen Primärkristalliten als schwächstes Glied im Schweiß- bzw. Lötgut erfolgt. Das führt zu den schlechteren Werten aller mechanischen Eigenschaften (Bild 20).

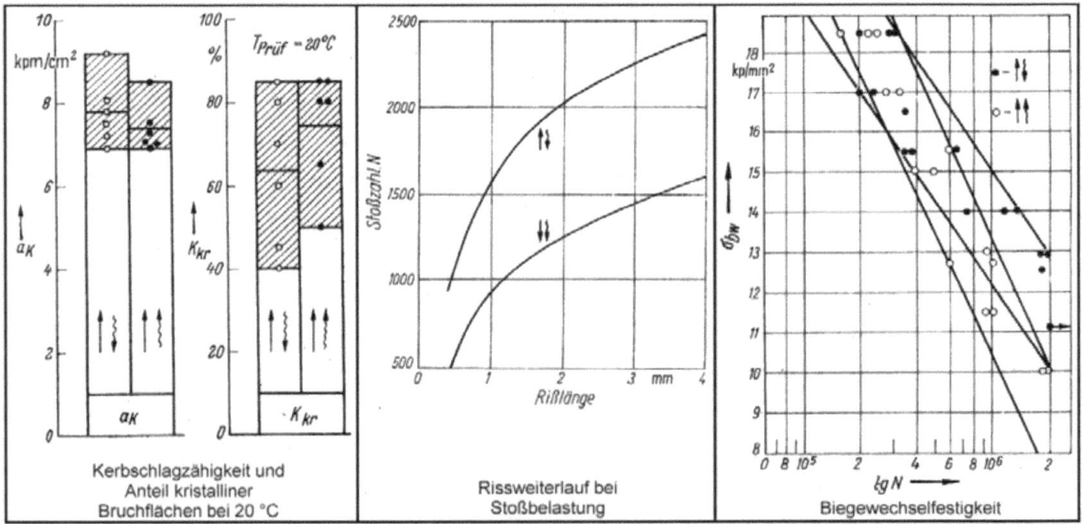

Bild 20. Anisotropie der mechanischen Eigenschaften durch Gusstextur in Schmelzschweißnähten [Witt-66]

Das sollte auch in allen Lötbaugruppen beachtet werden in denen eine bevorzugte Bruchrichtung bekannt ist. Dazu gehören u. a. alle Lötbaugruppen in Transportfahrzeugen.

Ausgehend von der Arbeit an der Qualität sowie Qualitätsmenge und damit auch an der Auswertung der Schadensfälle sollte bei den Anwendern letztlich ein besseres Verständnis für die Entstehung von Lötfehlern und Lötmängeln ermöglicht werden. Dabei ist es notwendig zu verstehen, dass der eigentliche Lötprozess in der Regel nicht für die üblichen Lötfehler bzw. Lötmängel wie z.B. Poren oder Risse direkt verantwortlich ist. Der Lötprozess wirkt eigentlich nur wie ein Nachweis (wie z.B. auch die Ultraschallprüfung) bei vorgegebener Löttemperatur und Lötdauer, der zwar Fehler und Mängel, aber nicht die Ursachen für entsprechende Qualitätsabweichungen erkennen lässt. Die Ursachen liegen in einer fehlerhaften Vormontage, daher der in einigen Unternehmen bereits benutzte Begriff "vorgelagerte Qualitätsanalyse" [Witt-11.2] – siehe Bild 21.

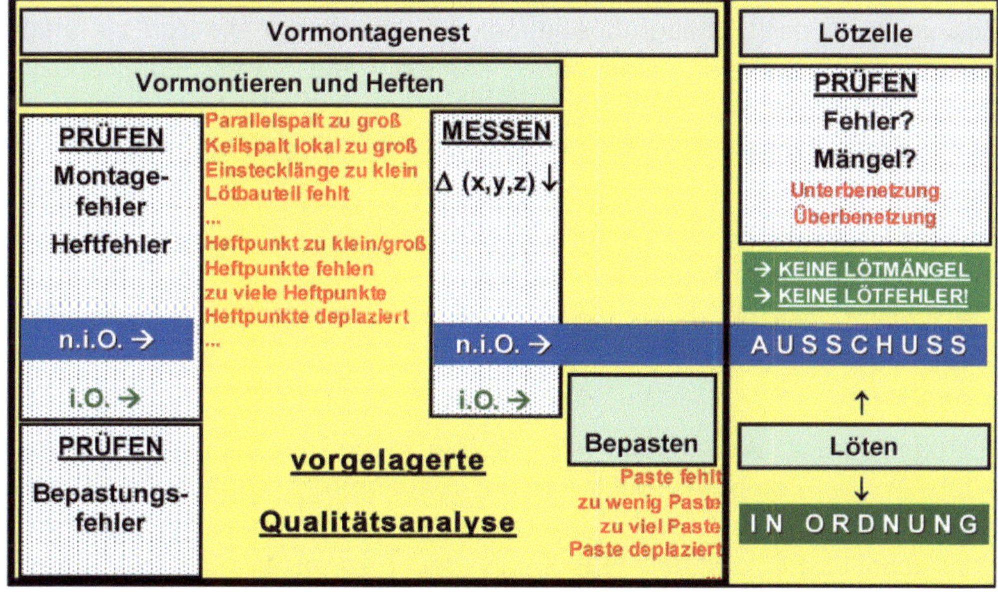

Bild 21. Vorgelagerte Qualitätsanalyse für den Lötprozess [Witt-11.3]

Danach liegen die Ursachen für eine spätere Bildung von Lötfehlern und Lötmängeln in den Abweichungen bei der Vormontage. Die vorgelagerte Prüfung erfolgt u. a. auf folgende mögliche Ursachen:

- Parallel- oder Keilspalt zu groß, Einstecklänge zu klein, Lötbauteil fehlt,

- Heftpunkte zu klein oder zu groß, Heftpunkte fehlen, zu viele Heftpunkte,

- Heftpunkte deplatziert, falsches Flussmittel, ungeeignetes Schutzgas oder

- unzureichendes Vakuum.

Außerdem werden unzulässige Form- und Gestaltabweichungen gemessen und die Oberflächen auf mögliche und unzulässige Verschmutzungen untersucht. Dagegen werden die bei normaler Lotanordnung trotzdem möglichen Unterbenetzungen und Überbenetzungen tatsächlich durch den Lötprozess hervorgerufen. Das kann in den angewendeten Löteinrichtungen, wie z.B. in Durchlauf-Lötöfen, sogar zu schweren Schädigungen der Transportbänder führen [Witt-11.2].

Haupteinflussfaktoren auf die möglichen Qualitätsabweichungen sind baugruppenspezifische Faktoren (wie z.B. Löttemperatur, Haltedauer bei Löttemperatur, Zusammensetzung der Lotpaste oder Vakuum beim Vakuum-Schmelzlöten), deren Veränderungen in der Lötbaugruppe immer gleichzeitig auf alle dort zu fertigenden Lötverbindungen wirken. Dagegen können die verbindungsspezifischen Nebeneinflussfaktoren (wie z.B. Lotmenge, Montagespalt oder Verunreinigungen auf einzelnen Lötoberflächen) auch für einzelne Lötverbindungen in einer Lötbaugruppe gezielt verändert sein.

Der für die Qualitätsmenge verantwortliche Bereich, hat im Unternehmen eine besonders große Bedeutung. Die Qualitätsmenge sollte in jedem Unternehmen höchste Priorität besitzen, da sie die unmittelbare Schnittstelle zu den Kunden, d. h. zum Markt, verwirklicht. Vielleicht können dazu die in [Tiwa-13] beschriebenen Methoden helfen.

Der Lotpastendruck wird häufig als Hauptursache von Lötfehlern (über 60% [Kloe-03]) in der Fertigung elektronischer Baugruppen angegeben. Durch eine statistische Analyse der Einflussgrößen wurden systematisch die wichtigsten Faktoren identifiziert, die eine Erhöhung der Prozessfähigkeit auf einen Wert $C_{pk} > 1,5$ gestatten, was ein Kriterium des angestrebten Six-Sigma-Prozesses ist, der eine Fehlerrate unter 3,4 dpm (defects per million) ermöglicht. Wesentliche Einflussgrößen sind:

- die Eigenschaften der Lotpaste;

- das Lotpastendrucksystem und dessen Einstellungen;

- die Umgebungsbedingungen;

- die Schabloneneigenschaften;

- das Reinigungsverfahren;

- die zu druckende Struktur (Größe, Form und Abstand).

Am Beispiel der Wartezeit nach dem Reinigen der Schablone wird gezeigt, wie sich die Prozessfähigkeit bei einigen Drucksystemen deutlich verschlechtert ($C_{pk} < 1,5$).

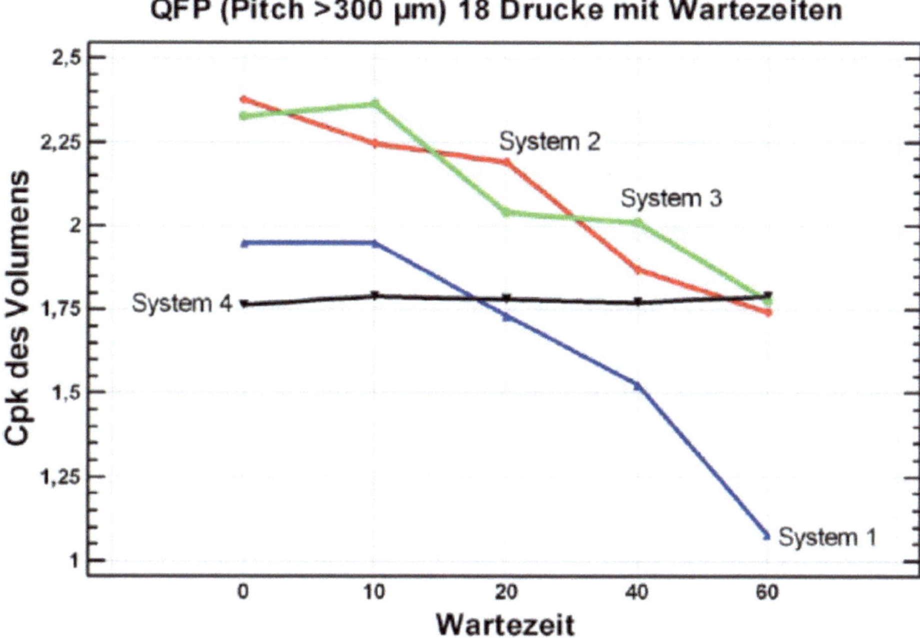

Bild 22. Abhängigkeit des C_{pk}-Wertes des gedruckten Volumens von QFP-Strukturen von der Wartezeit (in Minuten) und dem Drucksystem [Wohl-10]

2.3 Minimierung des Schädigungsrisikos durch die Lötbaugruppen und die Lötfertigung (3. Gebot)

Das Schädigungsrisiko (oder auch Schadenserwartungswert) ist eine nach Häufigkeit (Eintrittserwartung) und Auswirkung (Schadenshöhe) bewertete Bedrohung eines zielorientierten Systems [Köni-06]. Das Risiko betrachtet dabei stets die negative, unerwünschte und ungeplante Abweichung von System-Zielen und deren Folgen. Während der Lötfertigung können vor allem die Arbeitskräfte durch unterschiedliche Wechselwirkungen mit dem Energie- und Stofffluss gefährdet werden. Beim Gebrauch oder der späteren Entsorgung von Lötbaugruppen sind vor allem chemische und biologische Wechselwirkungen der verwendeten Materialien mit der Umwelt zu beachten.

Bei der Analyse des 3. Gebotes kann man sich von der Aussage von P. Anastas, eines führenden Wissenschaftlers der Yale University auf dem Gebiet der umweltfreundlichen Chemie, leiten lassen: "*... der grünen Chemie gehöre die Zukunft. Biologen, Chemiker, Umweltexperten und Lebenswissenschaftler müssten zusammenarbeiten, um nachhaltige Chemikalien zu schaffen. Dabei gelte es den gesamten Lebenszyklus zu beachten, von den Rohstoffen über die Fertigung bis zum Gebrauch und schließlich bis zur Wiederverwertung*" [Rose-10]. Dasselbe gilt natürlich auch für das Schmelzlöten als komplexen metallurgischen Prozess zwischen verschiedenen Stoffen (Bild 23).

Stoffe im technischen Aggregatzustand	Grundwerkstoffe	Zusatzwerkstoffe	Hilfsstoffe	Schutzgase
fest	Metall, Keramik, Glas, Verbund-werkstoffe	Lot, Metallisierung,	Metallpulver	
viskos		Lotpasten		
flüssig		Lot, Flussmittel	Lot, Wasser, Alkohol, Säuren, Laugen, Lack	
gasförmig				Flussmitteldampf, Metalldampf, Schutzgase, Vakuum

Bild 23. Metallurgisch wirksame Stoffe beim Schmelzlöten
mit temporär flüssigen Loten

In Bild 24 sind die von den zuständigen Berufsgenossenschaften [BGI-593] herausgegebenen Informationen zu den möglichen Schadstoffen für das Weich- und Hartlöten zusammengefasst.

Lote			Schadstoffe
Anwendungs-gebiet	**Lotart**	**Flussmittel** (Flussmittelbasis)	(Liste der möglicherweise entstehenden Schadstoffe)
Weichlöten (Temp. < 450 °C)			
Schwermetalle	A) antimonhaltige, antimonarme und antimonfreie **Blei-Zinn und Zinn-Blei- Weichlote** B) **Zinn-Blei-Weichlote mit Kupfer-, Silber- oder Phosphor-Zusatz** C) **Sonderweichlote** mit z.T erhöhten Anteilen an **Cadmium** und **Silber**	1) Zink- und andere Metallchloride, und/oder Ammoniumchlorid (in wässriger Lösung oder organischer Zubereitung) 2) organische Säuren, z.B. Zitronen-, Öl-, Stearin-, Benzoesäure 3) Amine, Diamine und Harnstoff 4) organische Halogenverbindungen 5) natürliche Harze (Kolophonium) oder modifizierte natürliche Harze mit und ohne Zusatz von organischen und/oder halogenhaltigen Aktivatoren	Bromwasserstoff Bleioxid Chlorwasserstoff Formaldehyd Hydrazin Kolophonium anorganische Zinn-Verbindungen organische Zinn-Verbindungen
Leichtmetalle	D) **Weichlote** auf der **Basis** von:	6) Chloride und Fluoride 7) Zink- und/oder Zinnchlorid	
	a) **Zinn-Zink** b) **Zink Cadmium** c) **Zink-Aluminium**	8) rein organische Verbindungen, z.B. Amine 9) organische Halogenverbindungen	
Hartlöten (Temp. ≥ 450 °C)			
Schwermetalle	A) **Kupferbasislote** B) **silberhaltige** Lote mit weniger als 20 % Ag C) **silberhaltige** Lote mit mindestens 20 % Ag	1) Borverbindungen mit Zusätzen von einfachen und komplexen Fluoriden, Phosphaten sowie Silikaten 2) borfreie Flussmittel, überwiegend aus Chloriden und Fluoriden	Boroxid Bortrifluorid Cadmiumoxid Fluoride Kupferoxid Phosphorpentoxid
Leichtmetalle	D) **Aluminiumbasis-lote** E) **Nickelbasislote**	3) hygroskopische Chloride und Fluoride sowie nicht hygroskopische Fluoride	Silberoxid Zinkoxid

Bild 24. Mögliche Schadstoffe beim Schmelzlöten [Spie-14]

Die Auswahl der Schadstoffe erfolgt entsprechend der Liste der "Stockholmer Konvention" und der am 3. Januar 2013 in Kraft getretene EU-Richtlinie 2011/65/EU

(RoHS 2). In Elektronikbaugruppen sind damit Blei, Quecksilber, Cadmium, sechswertiges Chrom, polybromierte Biphenyle (PBB) und polybromierte Diphenylether (PBDE) nicht mehr anzuwenden. Nach Angaben des Bundes für Umwelt und Naturschutz Deutschland (BUND, Interview im DLF) kommen in sehr vielen Verbraucherprodukten bromierte Flammschutzmittel und fluorierte Chemikalien vor, so zum Beispiel in Elektronikartikeln, Matratzen, Textilien. Sie verursachen chronische Schäden, Langzeitschäden und auch Schäden für die nächste Generation. Die Bestrebungen für eine möglichst risikoarme Lötfertigung zeigen die Aktualität und Bedeutung des 3. Gebotes.

Die Vielfalt der beteiligten Stoffe (Bild 24), alleine für die Herstellung einer Lötverbindung, macht die Komplexität des Problems deutlich. Bei einem Produkt wie z.B. einer elektronischen Baugruppe, wird die Zahl der beteiligten Werkstoffe noch deutlich größer. Am Beispiel von zwei Mobiltelefonen zeigt Bild 25 den typischen Materialmix aus Metallen, Kunststoffen, Keramik und anderen Stoffen [Wu-08].

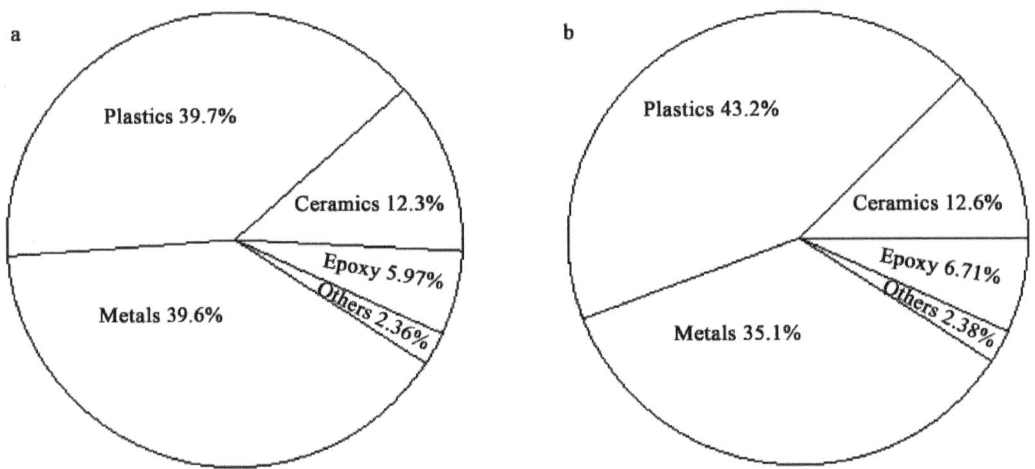

Bild 25. Materialmix eines typischen Mobiltelefons a) Modell 1998, b) Modell 2003 [Wu-08]

Bei der Vielzahl der unterschiedlichen Materialien besteht das Problem, dass ganz verschiedene Schädigungspotentiale gegeneinander abgewogen und miteinander verglichen werden müssen. Bild 26 zeigt die Ökobilanz für eine elektronische Baugruppe [Herm-04].

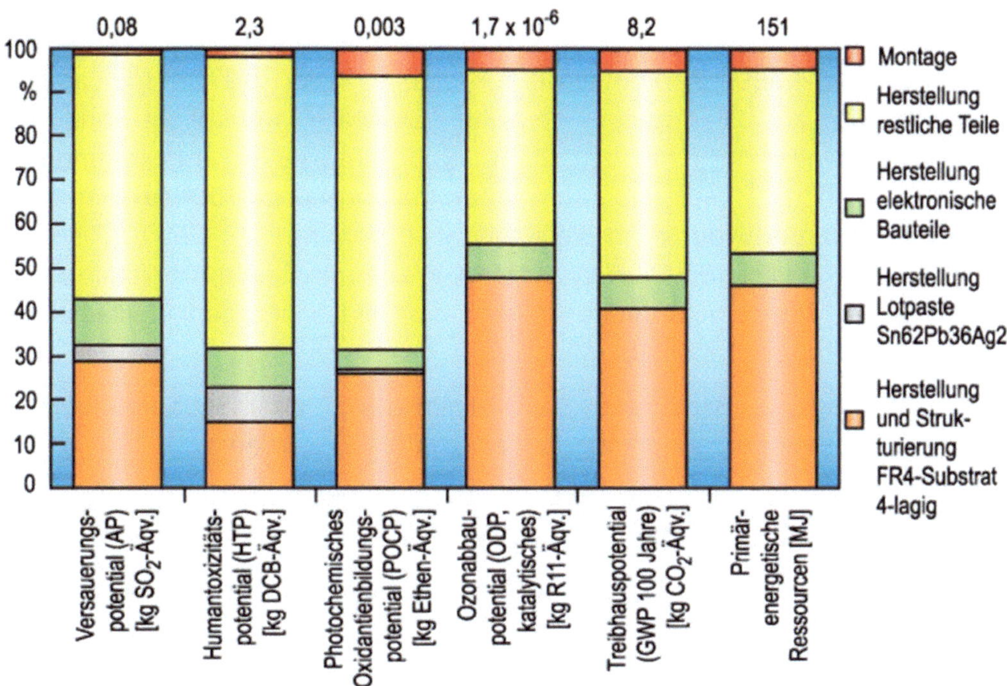

Bild 26. Ökologische Bilanz einer Elektronischen Baugruppe (4 Lagen FR4) [Herm-04]

Das Diagramm macht deutlich, dass verschiedene Materialien, wie Lotpaste oder FR4-Substrat, in den Schädigungs-Kategorien, wie Versauerungspotential, Humantoxizität oder Ozonschädigung, ganz unterschiedlich wirksam werden. Wie sollen aber derart unterschiedliche Risiken gegeneinander abgewogen werden? Zumal sich die Verwendung der verschiedenen Materialkomponenten gegenseitig bedingt oder auch ausschließen kann. So erfordern bleifreie Weichlote aufgrund ihrer höheren Schmelztemperatur z.B. die Verwendung temperaturstabiler Polymere für Substrate und Bauelemente, die häufig Halogene enthalten. Ein quantitativer Vergleich unterschiedlicher Schädigungsrisiken kann durch die Kosten erfolgen, die ein Schaden bzw. dessen Beseitigung (soweit das überhaupt möglich ist) verursacht. Auf diese Weise werden Risiken auch durch Versicherungsunternehmen bewertet, wobei eine Kostenabschätzung im Zusammenhang mit der Gesundheit und dem Leben von Menschen auch auf ethische Probleme stößt.

Einen interessanten Ansatz verfolgt das Fraunhofer IZM mit einer normierten Bewertung der Schädigungspotentiale durch einen "Toxic Potential Indicator (TPI)". Diese kostenlos zur Verfügung gestellte Software ermöglicht anhand der Sicherheitsdatenblätter der einzelnen Stoffe, eine relativ einfache Berechnung eines TPI-Wertes zwischen "0" (keine Gefährdungen bekannt) und "100" (extrem toxischer Stoff) für das gesamte Produkt. In die Kalkulation gehen die R-Sätze (Risikoeinstufungen nach EU Richtlinie 67/548/EWG), MAK-Werte (maximale Arbeitsplatzkonzentration), die WGK (Wassergefährdungsklasse), die EU-Kanzerogenitätsklasse und die Technische Richtkonzentration ein [Midd-16].

Folgende allgemeinen Methoden zur Minimierung der Schädigungen durch Lötbaugruppen und Lötfertigung können hier empfohlen werden:

- Minimierung/Eliminierung schadstoffenthaltener fester, flüssiger und/oder gasförmiger lötspezifischer Stoffe;

- Minimierung/Eliminierung schadstoffenthaltener fester, flüssiger und/oder gasförmiger Stoffe im Fertigungsraum;

- Minimierung/Eliminierung während des Lötprozesses emittierender fester und/oder flüssiger lötspezifischer Stoffe;

- Optimierung der Qualitätsmenge;

- Minimierung des Lötausschusses;

- Anwendung von flussmittelfreien Lötverfahren;

- Eliminierung von Reinigungsprozessen;

- Minimierung der Löttemperatur;

- Minimierung der Lötdauer.

2.4 Minimierung der Materialmengen für die Fertigung der Lötbaugruppen (4. Gebot)

Je nach Anwendung, spielt bei der Minimierung der Materialmengen für die Fertigung von Lötbaugruppen entweder das Volumen oder die Masse eine wichtige Rolle. Beide Größen sind natürlich durch die Dichte miteinander verknüpft. Während für die Einsparung von Rohstoffen in der Regel die Reduktion der Masse im Vordergrund steht, kann für verschiedene Anwendungen, gerade im mobilen Bereich (z.B. Smart Phone), die Volumenreduktion wichtiger sein als die Gewichtsreduktion. Deshalb könnte man dieses Gebot weiter in den masseoptimierten und den volumenoptimierten Leichtbau differenzieren. Beide Aspekte sollen hier aber gleichwertig behandelt werden.

Auch wenn die moderne Elektronik generell dem Trend folgt, die Komponenten und Baugruppen immer weiter zu miniaturisieren, spielt gerade für die Luft- und Raumfahrt das Gewicht eine besondere Rolle. Nach der Einführung der Oberflächenmontage elektronischer Bauelemente (SMT) war die Montage ungehäuster Chips (Die) ein weiterer entscheidender Schritt zur Miniaturisierung der Baugruppen. In einer Studie der Johns Hopkins University wurde das Einsparpotential dieser Technologie für die Raumfahrt untersucht. Am Beispiel eines Magnetometers konnte nachgewiesen werden, dass sowohl eine Gewichts- als auch Volumenreduktion bis zu einem Faktor 10 erreicht werden kann.

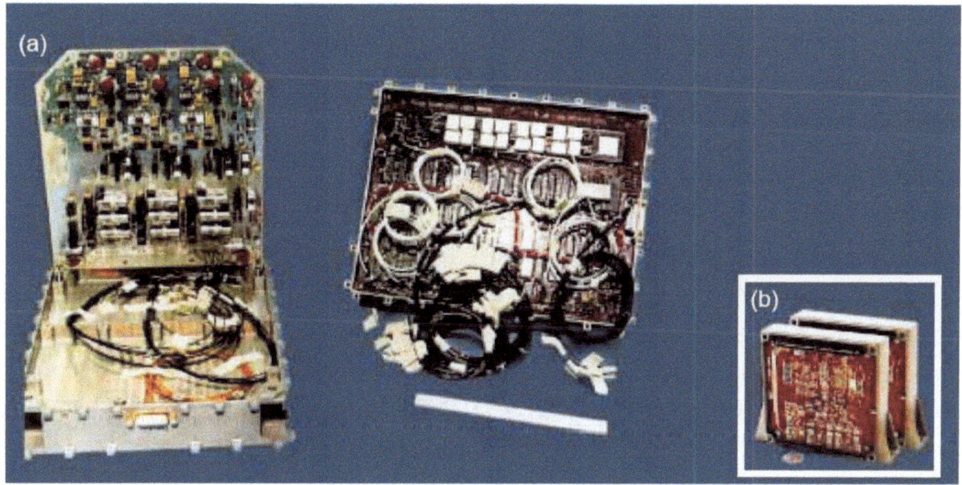

Bild 27. Signal-Prozessor eines Magnetometers für die Raumfahrt, (a) Original Design: 25 x 20 x 9 cm / 3 kg (b), COB Design: 11,4 x 11,4 x 5 cm / 450 g [LeMa-99]

Prinzipiell wurden dafür sowohl die COB- als auch die Flip-Chip-Technik in Betracht gezogen. Obwohl die Flip-Chip-Technik ein größeres Einsparpotential bietet, fiel die Wahl seinerzeit auf die COB-Technik, wegen der (damals) besseren Verfügbarkeit geeigneter Chips. Weitere Beispiele für den volumenoptimierten Leichtbau zeigt Bild 28.

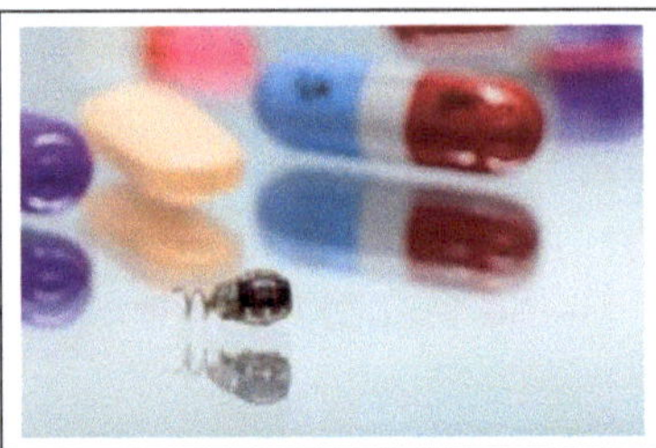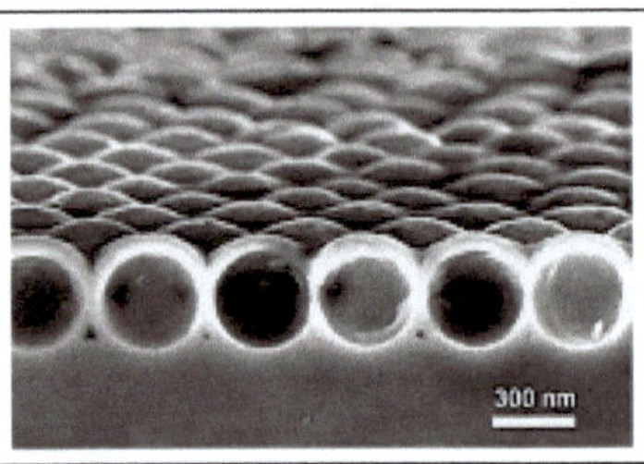

Bild 28. Mini-Herzschrittmacher "Micra TPS" (linkes Bild) der Firma Medtronic [Mein-14], Mini-Elektrostimulator (Mitte) nach [Döng-14] und Dünnschichtsolarzelle mit Nanobeschichtung (rechtes Bild) nach [Poll-12]

Keine große Operation, keine Elektrode (links in Bild 28): Die Schrittmacher der neuen Generation werden per Katheter implantiert und sitzen direkt im Herzen. Hier spielt also die Masse eine untergeordnete Rolle und gesucht bzw. entwickelt wurde ein Mini-Herzschrittmacher. Der Mini-Elektrostimulator wird kabellos mit Strom versorgt (Mitte in Bild 28). Derartige Mini-Baugruppen finden insbesondere Anwendung durch Implantation in technische Systeme bzw. biologische und humane Systeme. Es sind weitere Entwicklungen auf diesem Gebiet des Leichtbaus zu erwarten, wenn zukünftig z.B. die Datenspeicherung von Informationen in Grenzflächen möglich wird [Wei-14].

Ein weiteres Beispiel ist rechts im Bild 28 gezeigt. Auch bei der Kontaktierung der Dünnschicht-Solarzellen sind die Probleme der Lötbarkeit zu lösen. Für den volumenoptimierten Leichtbau wird anstelle des Schmelzlötens sicherlich zunehmend das Flüssig-Phasen-Löten, Ultraschall-Presslöten bzw. Ultraschall-Pressschweißen verwendet werden. Insgesamt geht die Entwicklung materialarmer Produkte in die beiden möglichen Richtungen – materialarm gefügte Makroprodukte und materialarm gefügte Mikro bzw. Nanoprodukte (Bild 29). Das verlangt auch die Weiterentwicklung der Fertigung zu qualitätsoptimierten und wirtschaftlichen Mikro- bzw. Nano-Press- und Schmelzlötverbindungen.

Ein typisches Beispiel für die materialarme Makrotechnik ist der Antrieb in der Felge eines Elektroautos. *"Die Folge ist ein gewaltiger Raumgewinn im Fahrzeug, der ein völlig neues Design ermöglicht - beispielsweise vorne einen zweiten Kofferraum und eine großzügiger gestaltete Fahrgastkabine. Sie haben ein völlig neues und revolutionäres Antriebskonzept für Elektroautos entwickelt: den Radnabenmotor (linke Abbildung in Bild 29). Er ist etwa 25 Zentimeter dick, hat den Durchmesser einer Bratpfanne und passt in das Innere einer Felge"* [Zura-14].

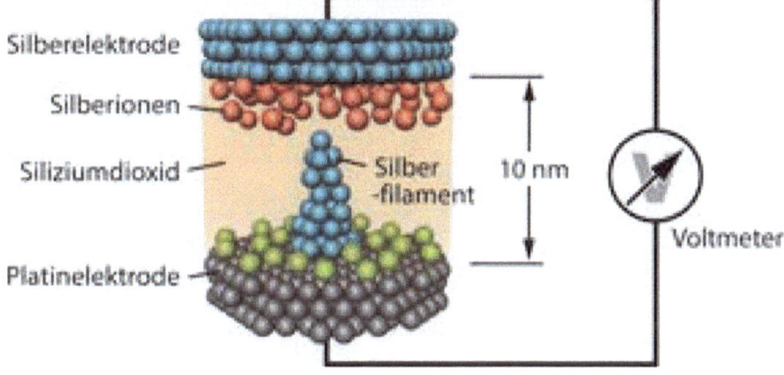

Futuristischer Antrieb: Radnabenmotor Foto: Fraunhofer/T. Ernsting
[Zura-14]

Aufbau einer resistiven Speicherzelle
(ReRAM) nach [Wase-13]

Bild 29. Radnabenmotor (links) und resistive Speicherzelle (rechts)

Ein Beispiel für die Entwicklung von materialarmen Baugruppen im Nanobereich sind die resistiven Schalter (rechte Abbildung in Bild 29). *"Resistive Schalter gelten als vielversprechende Komponenten für Computer der nächsten Generation"* [Yang-14]. Es heißt dort u. a. wie folgt: *"Computer-Chips auf der Basis von resistiven Schaltern, etwa resistive Speicherelemente – kurz ReRAM, wären nicht nur deutlich energieeffizienter und schneller als heutige Datenspeicher. Sie ermöglichen es auch, Logik- und Speicherfunktionen miteinander zu vereinen. Damit sind diese nanoelektronischen Bauteile ideale Kandidaten für den Aufbau neuromorpher Schaltungen. Solche Hardware ist dem Vorbild biologischer Nervenzellen nachempfunden und schon von sich aus lernfähig"* [Yang-14].

Im Allgemeinen und insbesondere im Transportwesen werden heute schon materialarme Leichtbaugruppen entwickelt und angewendet. Die Zuordnung des Leichtbaus im Automobilbau zeigt Bild 30. Bei der löttechnischen Konstruktions- und Fertigungsvorbereitung sind vier Arten des Leichtbaus zu berücksichtigen Eine besonders große Rolle spielt hierbei die konstruktive Fertigungsvorbereitung. Sowohl beim Werkstoffleichtbau, Formleichtbau als auch beim Konzeptleichtbau müssen also die technisch möglichen materialarmen Formen und Konzepte ausgewählt werden.

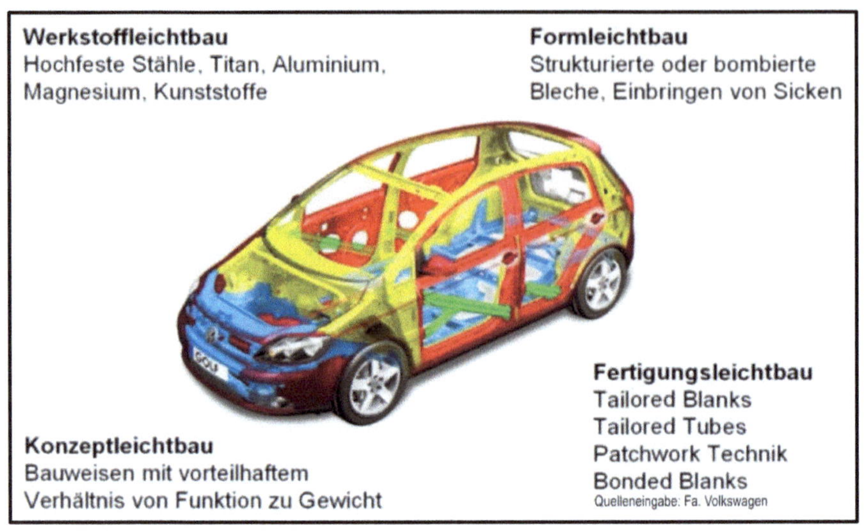

Bild 30. Leichtbau im Automobil [Mein-14]

Danach wird letztlich auch die wirtschaftliche Sinnfälligkeit der einzelnen Varianten bewertet. Bei all diesen Arbeiten zu einer materialarmen Lösung sollte beachtet werden, dass die materialarmen Lötbaugruppen und die materialarme Lötfertigung gleichzeitig auch dem 6. Gebot (energiearme Fertigung) und dem 9. Gebot (zeitarme Fertigung) entspricht. Das muss bei der wirtschaftlichen Bewertung unbedingt beachtet werden. Die materialarmen Produkte finden vor allem in der Raumfahrt ihre zielgerichtete Anwendung. In [Khor-08] beschreibt der Autor dazu insbesondere die sogenannten Gitterkonstruktionen aus dünnwandigen Rohren (Gitterbaupaneele) und Wabenpaneele.

Andere Entwicklungen führen zu positiven Effekten im terrestrischen Transportwesen und dabei insbesondere im Automobilbau [Goro-14]. In [Fisc-08] wird über eine für den Leichtbau besonders gut geeignete neuentwickelte Eisengusslegierung "Sibodur" berichtet. *"Der Name Sibodur leitet sich von den Zuschlägen Silizium, Bor und dem englischen Wort für Haltbarkeit (Durability) ab. Das Material enthält 3,4 bis 3,7 % Kohlenstoff und 2,8 bis 3,3 % Silizium. Im Vergleich zum Ausgangsmaterial hat Gusseisen aus Sibodur bessere Eigenschaften bei Dehnung, Zugfestigkeit und*

Schwingfestigkeit. Mit Hilfe bionisch verbesserter Fahrzeugteile wird generell eine Gewichtsreduktion von 20 % angestrebt. Damit können <10000 Tonnen Material eingespart werden>, berichtet Axel Rudolph, Leiter des Qualitätsmanagements der Georg Fischer Automotive GmbH & Co. KG in Mettmann. Dieses Einsparpotenzial ist mit einer jährlichen Schadstoffreduktion in der Produktion und Anwendung als Fahrzeugteil von insgesamt 37500 t CO_2, 46 t SO_2 und 14 t N_2O verbunden. Damit wäre eine Energieeinsparung von 126,5 GWh erreicht" [Fisc-08]. Dieses Beispiel aus der Industrie belegt sehr eindeutig, dass die erreichte Masseeinsparung (4. Gebot – materialarm) auch zur Verringerung der schädlichen Abgase (3. Gebot – risikoarm) sowie des Energieaufwandes (6. Gebot – energiearm) führt. Vor der Löttechnik steht also die Aufgabe, die Schmelzlötbarkeit dieses neuen hochfesten Stahlwerkstoffs zu gewährleisten, wenn die Weiterentwicklung der Baugruppen einen stoffschlüssigen Anschluss mit dem gleichen Werkstoff oder aber z.B. mit anderen Stählen erforderlich macht. Das Schmelzlöten von hochfesten komplex legierten Stählen ist bis heute ein Problem.

Neben dem Einsatz neuer kompakter metallischer Werkstoffe (hier der komplexlegierte FeCSiB-Stahl) finden im Leichtbau zunehmend auch speziell strukturierte Werkstoffe wie z.B. Schaummetall oder Wabenpaneele Anwendung (Bild 31).

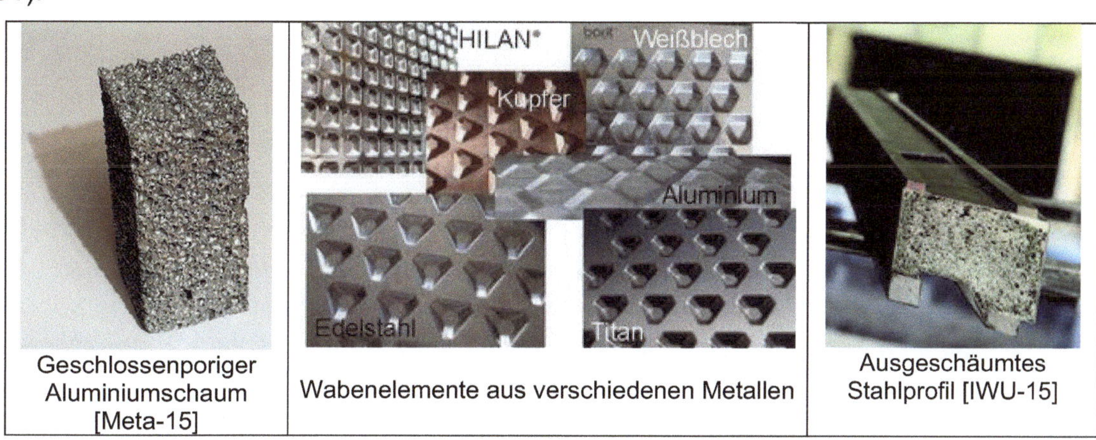

| Geschlossenporiger Aluminiumschaum [Meta-15] | Wabenelemente aus verschiedenen Metallen | Ausgeschäumtes Stahlprofil [IWU-15] |

Bild 31. Moderne Leichtbauwerkstoffe

Ihre Weiterverarbeitung auch durch Schmelzlöten ist recht problematisch. Und die Werkstoffentwicklung setzt sich fort. So wird z.B. an der TU Bergakademie Freiberg intensiv an neuen Werkstoffen gearbeitet, wobei man dort aus der Analyse der

Werkstofffehler die entsprechenden Lösungen erarbeitet [Chem-14]. Auch anderenorts wird die Werkstoffforschung zielgerichtet durchgeführt [Chem-11]. Ein anderer Entwicklungsansatz wird in [Chem-13] wie folgt beschrieben: *"Fokussierung auf marktgerechte Lösungen an Stelle von neuen Materialien als Trend. Hierbei sind die Marktanforderungen die vornehmlichen Treiber. Mit dem Advanced-Materials-System (AMS) wurde ein neuer Ansatz entwickelt, um den wertschöpfenderen und profitableren Weg als Lösungsanbieter und Systemintegrator zu erschließen. Existierende Materialien, entsprechende Prozesstechnologien und Geschäftsmodelle werden dabei intelligent zu neuen Systemen und Lösungen kombiniert, die zusätzlichen Wert generieren und von den Märkten nachgefragt werden"*.

Für die Anwendung von Gitterkonstruktionen aus Dünnblechrohren für die Raumfahrt mussten z.B. erst eine Elektronenstrahl-Pistole für das manuelle Elektronenstrahllöten im All und entsprechende Ni-Basis-Fertiglote (z.B. Ni-Mn-Si-, Ni-Mn-Fe-Si- und Ni-Mn-Cu-Si-Lote) entwickelt werden [Khor-08]. Zu anderen immer wieder weiterentwickelten "Leichtbauwerkstoffen" zählen u. a. die sogenannten Ni-Superlegierungen, deren Eigenschaftsfelder und Gefüge mit harten Ausscheidungen, sich über die chemische Zusammensetzung sowie über eine gezielte Wärmebehandlung einstellen lassen. In [Voge-14] wurde erstmalig der Mechanismus der Phasenbildung über die Zeit beobachtet.

Es werden aber auch absolut neue Werkstoffe auf dem Markt verfügbar sein, für die die Probleme der Lötbarkeit bzw. Fügbarkeit noch zu lösen sind. Solch ein Werkstoff ist z.B. die neue Materialklasse der "standfesten kristallinen Metaflüssigkeiten" (Bild 32).

Dazu wird in [Chem-12] wie folgt berichtet: *"Mit der Herstellung einer standfesten kristallinen Metaflüssigkeit, einem Pentamode-Metamaterial, gelang die Realisierung einer neuen Materialklasse. Mit neuartigen Methoden der Nanostrukturierung können diese Materialien nun erstmals mit allen denkbaren mechanischen Eigenschaften verwirklicht werden. Das mechanische Verhalten von Materialien wie Gold oder Wasser wird dabei durch Kompressions- und Scherkenngrößen zusammengefasst"*

Eine andere Neuentwicklung ist die Anwendung von biegsamer Keramik. In [Chem-10] ist dazu folgendes beschrieben: *"Keramiken sind hoch belastbar, resistent gegen hohe Temperaturen und sehr verschleißfest. Aber sie sind auch spröde und teuer. Im ECEMP-Teilprojekt CeraDuct gehen Keramiken und Metalle eine feste Bindung ein.*

So lassen sich die Vorteile des Metalls - gute Duktilität - mit denen der Keramik - hohe Festigkeit und Härte - verbinden. Zudem entstehen auf diese Weise Bauteile, die sowohl elektrisch leitend sind als auch isolierend wirken. Das ist zum Beispiel in der Medizintechnik gefragt".

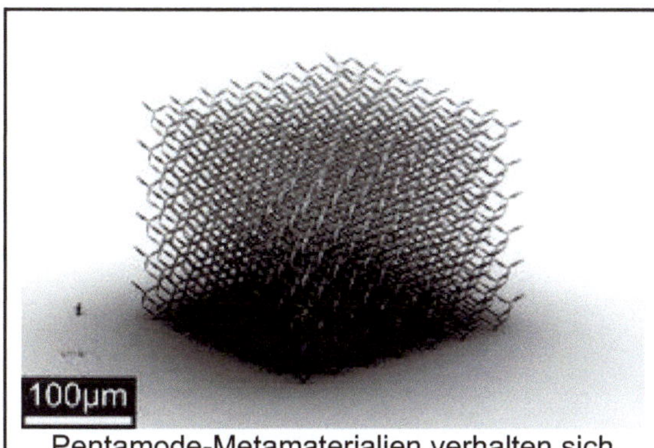

Pentamode-Metamaterialien verhalten sich näherungsweise wie Flüssigkeiten. Ihre erstmalige Herstellung eröffnet neue Möglichkeiten in der Transformationsakustik.

Das stabile Vierbein (orange eingefärbt) ist das Grundelement des Pentamode-Metamaterials. Es wird so zu einem dreidimensionalen diamantartigen Kristall angeordnet, dass sich das daraus resultierende Material insgesamt verformen lässt.

Bild 32. Metaflüssigkeiten

Auch die Weiterentwicklung von Batterien und Akkumulatoren, insbesondere für die Elektromobilität, stellt die Löttechnik vor neue Herausforderungen, da ja in diesen Erzeugnissen die elektrische Leitfähigkeit u. a. durch die entsprechenden Lötverbindungen zu gewährleisten ist. In [Noor-14] wird die erwartete Weiterentwicklung detailliert untersucht. So heiß es dort u. a.: *"Fünfmal mehr Energie für ein Fünftel des Preises: Diese neuen Technologien könnten in Elektroautos und Handys den Li-Ionen-Akku ablösen. 2012 erhielt das JCESR 120 Millionen US-Dollar vom Energieministerium der Vereinigten Staaten, um den Nachfolger der Li-Ionen-Technologie zu entwickeln. Das erklärte Ziel des Forschungszentrums: Innerhalb von nur fünf Jahren sollen Batterien entstehen, die – in den Dimensionen eines handelsüblichen Akkus für Elektroautos – eine fünfmal höhere Energiedichte aufweisen und fünfmal preisgünstiger sind als der gegenwärtige Standard. Bis 2017 gilt es demnach eine Energiedichte von 400 Wattstunden pro Kilogramm (Wh/kg) zu erreichen"* (Bild 33). In den einzelnen Akkumulatoren-Konzepten kommen für die notwendigen Lötbaugruppen z. T. exotische Materialien wie Lithium oder Magnesium vor.

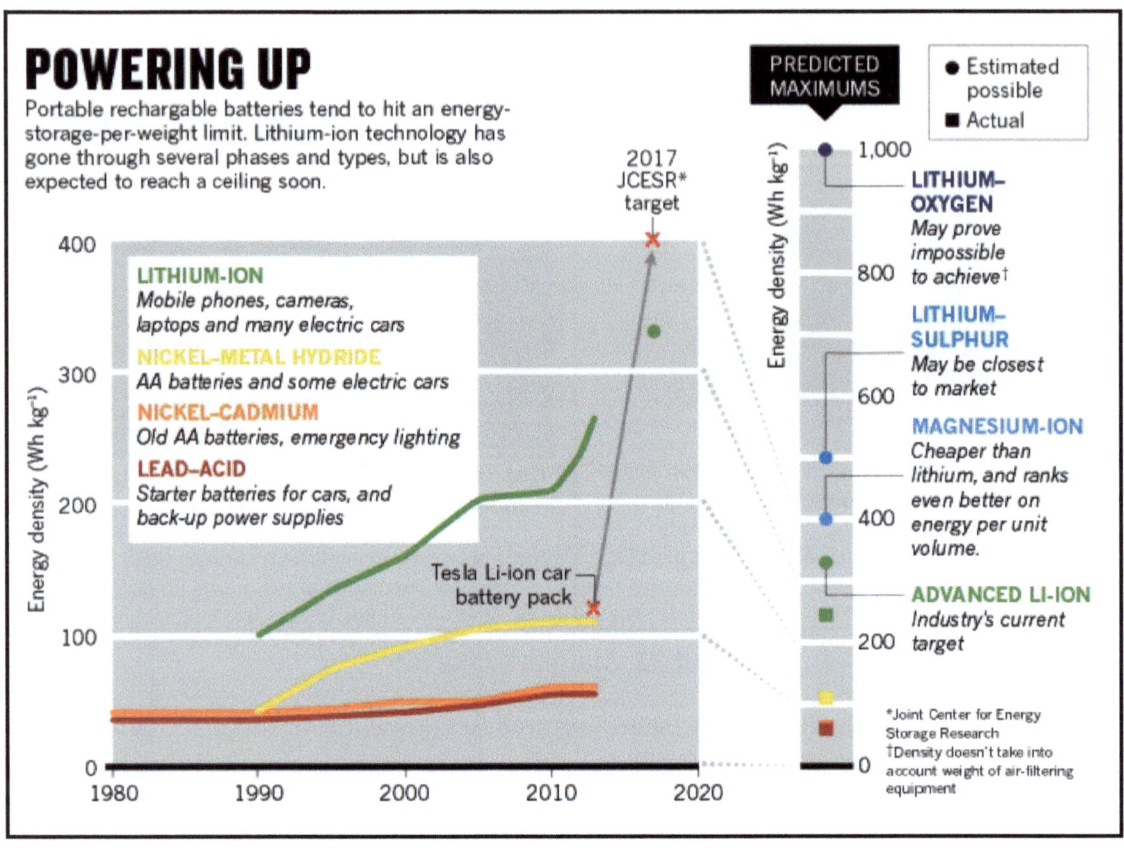

Bild 33. Entwicklungsrichtungen auf dem Gebiet der Akkus [Noor-14]

Auch auf dem Sektor Verbundwerkstoffe sind immer wieder Neuentwicklungen zu erwarten. So zeigt Bild 34 ein Beispiel für eine mit Kohlenstoff-Fasern verstärkte AlSi6-Legierung. Die Verbesserung der mechanischen Eigenschaften lässt sich klar aus dem Gefügeaufbau ableiten.

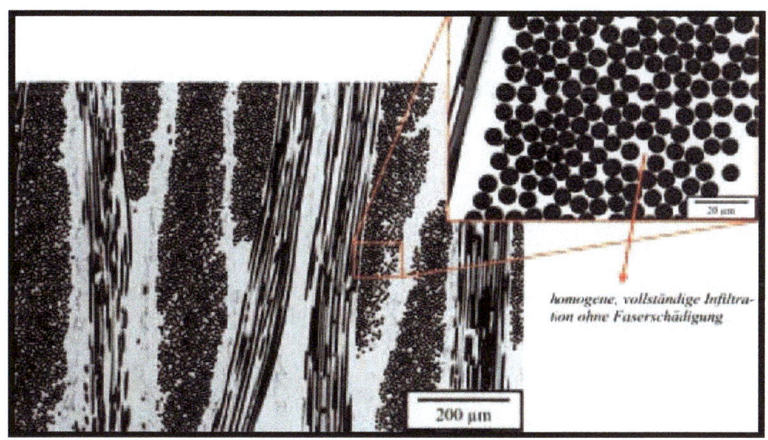

Bild 34. Thermokinetisch abgeschiedene AlSi6-Matrix und C-Faser-Gewebeverstärkung, Verdichtung durch Thixoschmieden (C2D-F/AlSi6-MMC) nach [Gado-07]

Zuletzt soll für die Auswahl der Grundwerkstoffe für Lötbaugruppen auf die Bedeutung der spezifischen mechanischen Eigenschaften der Werkstoffe hingewiesen werden. In [inom-14] wird dazu folgendes berichtet: "*Die spezifische Steifigkeit, d. h. das Verhältnis von Elastizitätsmodul zur Dichte, ist für alle metallischen Werkstoffe wie Stahl, Aluminium und Titan praktisch gleich. Für Kohlefaserverbundwerkstoffe dagegen können wir eine spezifische Steifigkeit bis zum Zehnfachen der Metalle erreichen. Dies führt zu einer geringeren Eigendurchbiegung bzw. zu einer absolut besseren Verformung unter Last – im Vergleich zu Maschinenelementen aus metallischen Konstruktionswerkstoffen. Damit ist die Konstruktion größerer, ungestützter Längen bei gleichem Durchmesser oder der Verzicht auf Zwischenlager möglich. Die spezifische Festigkeit, d. h. das Verhältnis der Zugfestigkeit zur Dichte, kann durch Wahl eines metallischen Werkstoffs wie Stahl, Magnesium, Aluminium oder Titan nur um etwa den Faktor zwei variiert werden. Für FVK hingegen können wir die spezifische Zugfestigkeit innerhalb einer großen Bandbreite bis zum Drei- bis Zehnfachen der Metalle einstellen. So lassen sich leichtere Bauteile mit gleicher oder höherer Festigkeit, z.B. Zugstreben oder Strukturen, Druckbehälter oder Hydraulikzylinder, konstruieren. Auch die hohe statische und dynamische Ermüdungsfestigkeit des Werkstoffes ermöglicht Bauteile mit langer Lebensdauer und bietet enorme Konstruktionsvorteile für hochdynamische Anwendungen, wie z.B. oszillierende Hebel, Antriebswellen oder Schwungräder*". Das sind sehr interessante und wichtige Hinweise für den angestrebten Leichtbau von Lötbaugruppen. Zum besseren Verständnis der technischen Bedeutung dieser Eigenschaften dienen die folgenden Übersichten in Bild 35 und Bild 36 nach [Cuna-00].

Eigenschaft	Ferritischer rostfreier Stahl	Austenitischer rostfreier Stahl	Aluminium	Zink	Kupfer
Dichte: ρ (g/cm^3)	7,8	7,9	2,7	6,6	8,9
Dichte im Verhältnis zum Stahl	1	1	0,350	0,8	1,15
Elastizitätsmodul: E (kN/mm^2)	200	200	69	93	108
Spezifische Steifigkeit E/ρ (kN: mm^2/g/cm^3)	25	25	25,5	14	12

Bild 35. Spezifische Steifigkeit von rostfreiem Stahl, Aluminium, Zink und Kupferlegierungen [Cuna-00]

Eigenschaft	Ferritischer rostfreier Stahl	Austenitischer rostfreier Stahl (1)	(2)	Aluminium	Zink	Kupfer
Dichte: ρ (g/cm^3)	7,8	7,9	7,9	2,7	7,1	8,9
Streckgrenze: σ_0 (N/mm^2)	360	330	600	80	120	150
Spezifische Festigkeit σ_0/ρ (N/mm^2/g/cm^3)	46	42	76	29,6	16,9	17

(1) In lösungsgeglühtem Zustand
(2) in kalt umgeformten Zustand: C850 (850 < Zugfestigkeit (N/mm^2) < 1000)

Bild 36. Spezifische Festigkeit von rostfreiem Stahl, Aluminium, Zink und Kupferlegierungen [Cuna-00]

Hier kann also bei der konstruktiven Fertigungsvorbereitung der Konstrukteur seinen Grundwerkstoff für die jeweilige Lötbaugruppe auswählen. Dabei kann sich unter Umständen ein Widerspruch zwischen der angestrebten optimalen Festigkeit und der Minimierung der Kosten ergeben.

Eine Modernisierung durch materialarme **<u>Lötzusatzwerkstoffe</u>** kann durch folgende allgemeine Lösungsansätze erreicht werden:

* Vermeidung von Lötverbindungen durch Übergang zu kompakten Lötbauteilen, hergestellt z.B. mittels Urformen oder Umformen;

* Vermeidung von mittelbaren Lötverbindungen durch Übergang zu unmittelbaren Presslötverbindungen oder unmittelbaren Schmelzlötverbindungen mit Verringerung des Lotaufwandes durch Engspaltlöten mit Einpressen oder mit Anpressen;

* Verringerung des Lotaufwandes durch kleinere positive Montagespalte;

* Verringerung des Lotaufwandes durch Verringerung der Einsteck- oder Überlapplänge bzw. durch Übergang zu Stumpfstößen mittels Erhöhung der Verbindungswertigkeit;

* Verringerung des Lotaufwandes durch Übergang zu kombinierten Lötverbindungen und materialarmen Lötverfahren;

* Anwendung von Materialien mit geringerer Dichte;

* Anwendung von Lötbauteilen höherer (volumenspezifischer) Festigkeit und

* Anwendung von Lötbauteilen mit belastungsoptimierten Querschnitten.

Die Modernisierung durch materialarme **<u>Löthilfsstoffe</u>** wird dagegen durch folgende Lösungsansätze erreicht:

* Vermeidung von extern angebotenen Aktivierungs- und Schutzmedien durch Anwendung von selbstfließenden Loten bzw. Aktivloten;

* Vermeidung von extern angebotenen Aktivierungsmedien durch Anwendung des Auto-Schutzgas- oder des Auto-Vakuum-Lötens.

Die Modernisierung durch materialarme **<u>Lötmittel</u>** kann außerdem mittels folgender Lösungsansätze erzielt werden:

* Anwendung von materialarmen Löteinrichtungen;

* Anwendung von materialarmen Lötvorrichtungen;

* Anwendung von materialarmen Lötgeräten.

Ein Beispiel für die Auswahl möglicher materialarmer Lötverfahren zeigt Bild 37.

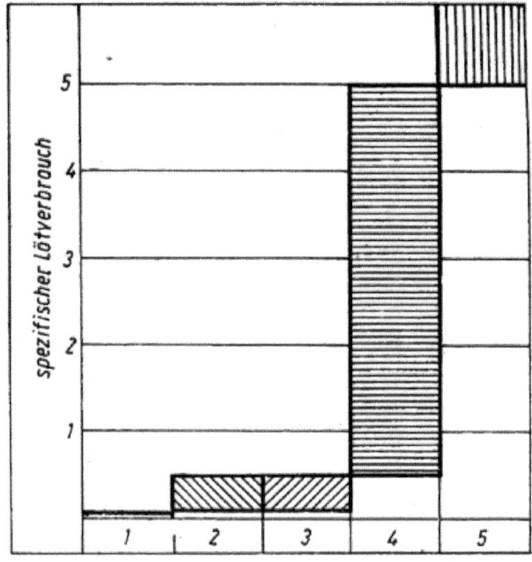

Bild 37. Lötverfahren und Lotaufwand nach [Witt-83]

2.5 Minimierung der Prozessstufen bei der Lötfertigung (5. Gebot)

Die Modernisierung der Produktion durch eine Verringerung der Prozessstufen bei der Lötfertigung sowie der Stufen in den Lötbaugruppen selbst (Fertigungstiefe?) stellt wahrscheinlich eine der wichtigsten Rationalisierungsmaßnahmen dar. Das Einsparen von Produktstufen führt z.B. gleichzeitig auch zur Energie- und Zeiteinsparung (6. und 9. Gebot). Die Bewertung der Stufen in den Lötbaugruppen erfolgt nach dem Prinzip "Anzahl der Stufen in einer Lötbaugruppe". Dagegen erfolgt die Bewertung der Prozessstufen nach folgendem Prinzip "Anzahl der für die Fertigung der Lötbaugruppen angewendeten unterschiedlichen Lötverfahren, Lötmaterialien, Lötparameter, Löteinrichtungen, Lötvorrichtungen, Lötgeräte und Lötfachkräfte" (Outsourcing?) sowie nach dem Prinzip "Anzahl der Auswechselungen der einzelnen Fertigungselemente in einem vorgegebenen Produktionszeitraum (Jahr, Monat, Woche, Schicht oder Stunde)". Hier einige Beispiele für die prozessstufenarme Fertigung.

Die Entwicklung der Kombination des Wellenlötens mit dem Dampfphasenlöten in einer Lötanlage wurde erfolgreich realisiert. Dazu wurde mit dem Titel "Verfahren und Vorrichtung zum Wellen- und/oder Dampfphasenlöten elektronischer Baugruppen [Hafn-95] diese prozessstufenarme Rationalisierungsvariante zum Patent angemeldet. Hier wird u. a. folgendes beschrieben: "*Vorrichtung zum Löten elektronischer Baugruppen bestehend aus einer Kammer (100, 200), welche zumindest in einem Teil des Kammervolumens von einem gesättigten Dampf einer Primärflüssigkeit erfüllt ist, und ferner einer Einrichtung zum Wellenlöten, welche sich zumindest teilweise innerhalb der Kammer (100, 200) befindet, sowie einer Einrichtung zum Transport einer elektronischen Baugruppe in die Kammer, durch die Kammer und aus der Kammer, dadurch gekennzeichnet, dass eine Einrichtung vorhanden ist, mit der das vom gesättigten Dampf erfüllte Kammervolumen variabel einstellbar ist, so dass sich nur ein Teil der elektronischen Baugruppe im gesättigten Dampf befindet*" (Bild 38).

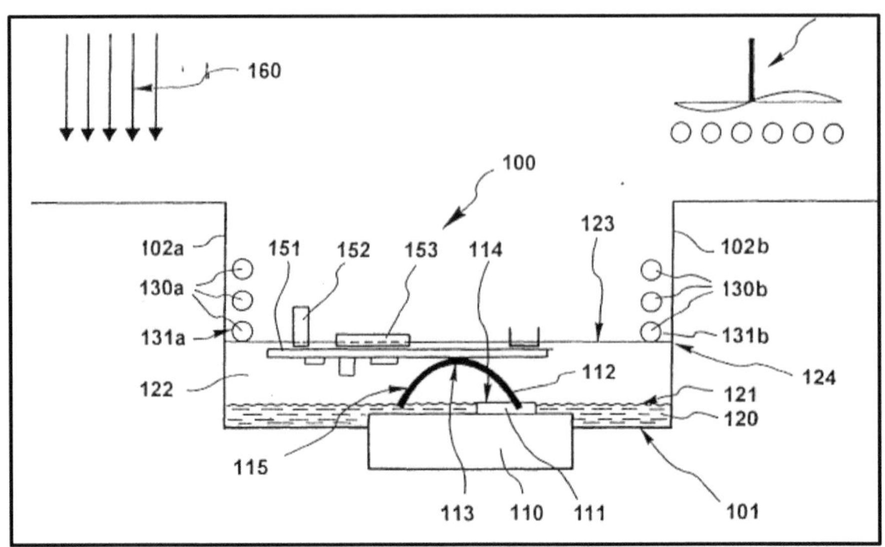

Bild 38. Innovatives Prinzip des kombinierten Dampfphasen- und Wellenlötens
[Hafn-95]

Hier werden also am gleichen Ort (flächenarme Fertigung – 8. Gebot) und zu gleicher Zeit (zeitarme Fertigung – 9. Gebot) zwei sehr unterschiedliche Schmelzlötverfahren angewendet. Es entfallen also die Prozessstufen "Transport der Lötbaugruppen" von der 1. Löteinrichtung zum Dampfphasenlöten zur 2. Löteinrichtung zum Wellenlöten (zeitarme Fertigung – 9. Gebot) sowie das "Abkühlen" nach dem Dampfphasenlöten und "Erwärmen" zum Wellenlöten (energiearme Fertigung – 6. Gebot). Voraussetzung ist natürlich, dass die Konstruktion der Baugruppen für eine derartige prozessstufenarme Verfahrenskombination überhaupt geeignet ist, damit diese Variante zu deutlichen Energie-, Raum- und Zeiteinsparungen führen kann. Als Vorteile dieser Verfahrenskombination werden im Patent benannt [Hafn-95]: "*Die Erfindung ermöglicht das Löten von oberflächenmontierbaren, durchgesteckten und wärmeempfindlichen Bauelementen in einem einzigen Verfahrensschritt und in einem einzigen Gerät bzw. einer Kammer. Damit eröffnet sich für die Fertigung beliebiger Montageaufbauten mit einem erfindungsgemäßen Lötgerät eine kostengünstige Massenproduktion unter Beibehaltung einer hohen Lötqualität*". Sicherlich wäre auch die Kombination des Wellenlötens mit dem Schutzgas-Konvektionslöten möglich.

Ein weiteres Beispiel bezieht sich auf das Durchlauf-Ofenlöten unter Schutzgas. So muss beim Anfahren des Schutzgas-Schmelzlötens, z.B. nach Fertigungspausen, der

Schutzgasofen erst auf den entsprechenden Temperaturzyklus und Schutzgasgehalt eingestellt werden. Dazu werden die notwendigen Ofenfahrten in der Regel mit den Ausschuss-Lötbaugruppen oder den entsprechenden Löteinzelteilen gefahren. Das erfordert einen relativ hohen Zeitaufwand. Die Verlängerung der Zeitabstände zwischen den Stufen der Anfahrprozesse führt damit zu einer prozessstufenarmen Fertigung – weniger Anfahrstufen pro Produktionszeitraum (stufenarme Fertigung – 5. Gebot). Diese Rationalisierungsvariante wird durch die Anwendung von Getter-Teilen aus dem gleichen Baugruppen-Werkstoff ermöglicht, wenn diese Getter eine möglichst große Oberfläche bei einem möglichst kleinen Volumen aufweisen und so den Restsauerstoff der Atmosphäre binden.

Eine ähnliche Situation ergibt sich beim Wechsel der Transportbänder, die insbesondere beim Schmelzlöten von Stahl mit Cu-Lot nach einer bestimmten Nutzungsdauer Lochfraß aufweisen können.

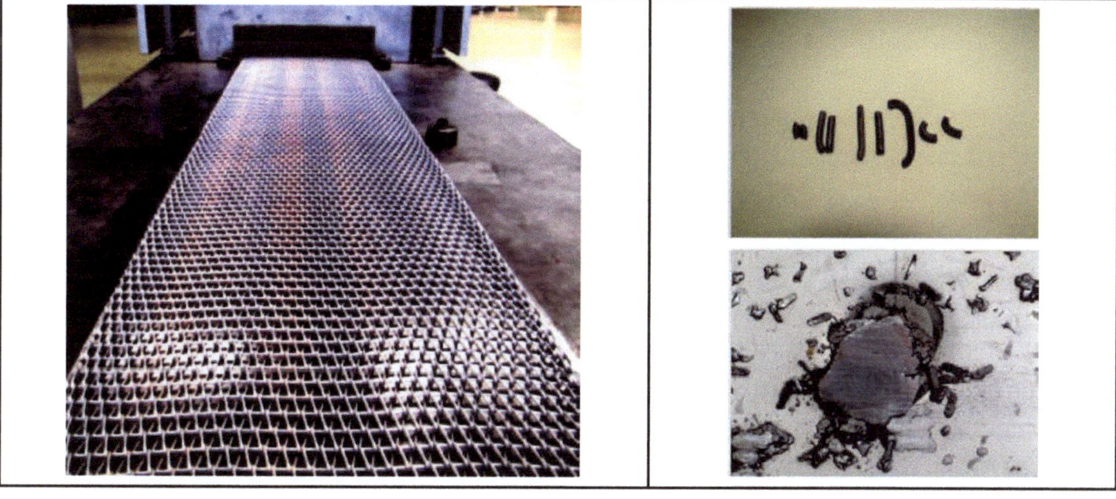

Bild 39. Cu-Abscheidungen auf Stahl-Transportband (links) abgefallene Kettenglieder des Transportbandes auf dem Verschleißblech (rechts) nach [Witt-11.2]

Diese Löcher entstehen durch die unbeabsichtigte Kontamination mit Kupfer (Spritzer, Tropfen), was bei den hohen Temperaturen zur Lötbrüchigkeit [Witt-12] führt (Bild 39). Diese Verunreinigungen durch überschüssiges Kupfer können durch eine fehlerhafte Vormontage oder eine ungenaue vorgelagerte Qualitätskontrolle [Witt-11.3] (zu großes Lotdepot, falsch platziertes Lotdepot, mangelnde Haftung des

Lotes beim Schmelzen, zu starkes Fließen und/oder Spritzen der Lotschmelze) entstehen.

Eine prozessstufenarme Lötfertigung kann auch beim Löten von Metall-Metall-Mischverbindungen ohne die Anwendung externer Fertiglote erreicht werden. Dazu muss einer der Grundwerkstoffe die Rolle des Lotes übernehmen. So führt das Presslöten z.B. von Al mit Cu ohne Sn-Lot durch die Anwendung eines kegelförmigen Montagespaltes (Einsteckverbindung) zur Einsparung des Lotdepots. Wird die Löttemperatur über die eutektische Al-Cu-Schmelztemperatur von 548 °C erhöht, dann entsteht in situ das CuAl-Reaktionslot, d. h. es wird wiederum der Prozessschritt "Lot deponieren" eingespart. Eine weitere prozessstufenarme Variante besteht in der Anwendung des Übersoliduslötens. Hier wird bei Mischverbindungen der Grundwerkstoff mit der niedrigeren Schmelztemperatur thermisch geschmolzen und es bildet sich die übliche Schmelzlötverbindung mit einem auflegierten Lötgut. All diese Verfahrensvarianten sind Beispiele für das sogenannte lotfreie Press- und Schmelzlöten.

Ein aktuelles Beispiel der stufenarmen Fertigung zeigt sich beim Einsatz der modernen Leistungselektronik. Neben den eigentlichen Leistungsbaugruppen ist in der Regel ein separater Aufbau der Steuerelektronik erforderlich, da beide Systeme mit unterschiedlichen Materialien und Technologien gefertigt werden. Während die Steuerelektronik überwiegend aus kleinen, fein strukturierten SMD-Bauteilen besteht, die für die Verarbeitung mit bleifreien Standardloten optimiert sind, erfordert die Leistungselektronik temperaturstabile Silbersinter- oder Lötverbindungen (z.B. PbSn-Lot), die großflächig strukturiert werden und eine höhere Schichtdicke des Zusatzwerkstoffes erfordern. Deshalb werden die Leistungskomponenten oftmals in einem zusätzlichen Prozessschritt montiert oder als separate Baugruppe gefertigt.

Die Entwicklung des BMBF-Projektes HotPowCon zielte darauf ab, beide Teile der Elektronik mit einer Technologie zu verarbeiten. Das gelingt durch einen sog. Zweipastenprozess, bei dem unter die Leistungsbauteile zunächst eine Kupferpaste gedruckt wird. Die eigentliche Weichlotpaste wird neben die Kupferpaste gedruckt und infiltriert während des Reflowlötens bei Standard-Löttemperaturen das gedruckte Kupferpasten-Depot. Auf diese Weise entstehen in sehr kurzer Zeit durchgängige intermetallische Phasen im Lötspalt, die die Kupferpartikel umschließen. Die so hergestellten Verbindungen sind über 300°C temperaturstabil und können große Spaltbreiten überbrücken. Im gleichen Lötprozess lassen sich die Komponenten der

Steuerelektronik auf demselben Substrat verarbeiten, wodurch die Anzahl der erforderlichen Prozessstufen minimiert wird. [Trod-14]

Bild 40. HotPowCon-Lötverbindung mit durchgängigen intermetallischen Phasen zwischen Chip (oben) und Substrat (unten) [Trod-14]

Eine andere prozessstufenarme Fertigungsvariante wurde an der Polytechnischen Hochschule Togliatti (Russland) entwickelt. Für das Längsschweißen von dünnwandigen Lötbaugruppen wurde die Vormontage durch die Fertigung eines Überlappstoßes angewendet (Bild 41).

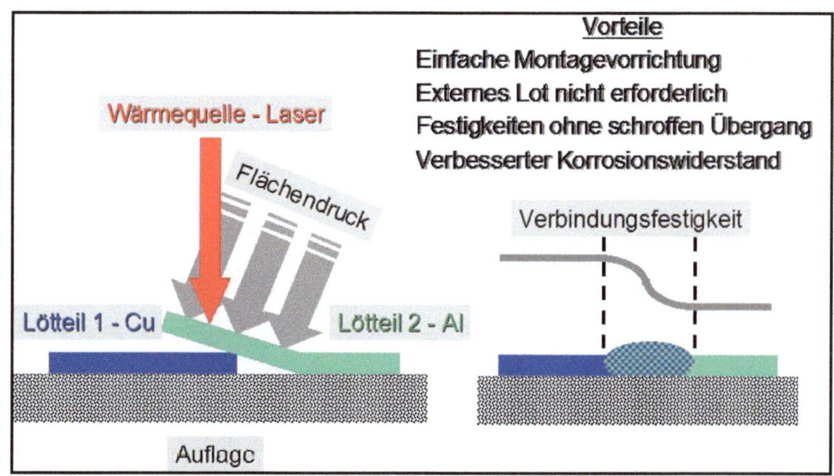

Bild 41. Lotfreies Übersolidus-Schmelzlöten von Mischverbindungen mittels druckbelastetem Montage-Überlappstoß

Durch das nachfolgende zusatzfreie Lichtbogenschweißen erfolgte das Umschmelzen des oberen Bauelements bei gleichzeitiger Wirkung eines entsprechenden Drucks. Dadurch wurde die konventionelle Längsschweißnaht hergestellt (rechtes Schema in Bild 41). Diese Verfahrensvariante wurde u. a. für die Fertigung bestimmter Al-Elemente in Kraftfahrzeugen angewendet. Die dazu verwendete Schweißvorrichtung ist in Bild 42 (rechte Abbildung) wiedergegeben.

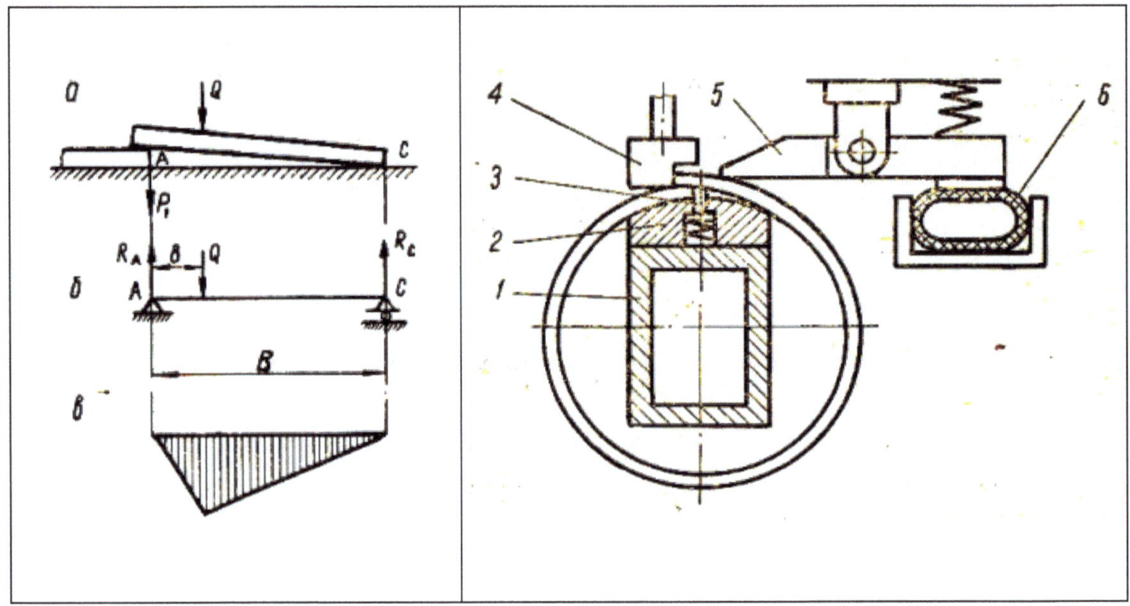

Bild 42. Schema zur Druckberechnung (links) nach [Stol-73] und Schema der Schweißvorrichtung (rechts) nach [Osja-73]

Diese schweißtechnischen Varianten können natürlich auch auf die Lötfertigung übertragen werden. Abschließend soll vermerkt werden, dass die Einsparung von Prozessstufen gleichzeitig auch immer zur informationsarmen Fertigung beiträgt (7. Gebot). So entfallen z.B. Prüfungen und Messungen durch die eingesparten Prozessschritte.

Die beschriebenen Beispiele für die prozessstufenarme Fertigung von Lötbaugruppen lassen folgende allgemeine Modernisierungsmethoden erkennen:

- Substitution der Lötmontage durch andere Fertigungsverfahren, wie z.B. durch Schweißen, Spanen oder Umformen hergestellte Baugruppen;

- Minimierung der Anzahl der Lötbauteile und damit der Anzahl der Lötverbindungen in der Lötbaugruppe durch Nutzung verfügbarer Halbzeuge ohne Lötverbindungen;

- Minimierung der Anzahl und Menge der eingesetzten festen oder flüssigen Löthilfsstoffe;

- Minimierung der Lötfehler und damit auch die Minimierung der Anzahl der notwendigen Nachbesserungen;

- Minimierung der Lötmängel und damit auch die Minimierung des Umfangs der notwendigen Nacharbeiten;

- Ablösung der Eigenfertigung durch Zukauf von Zulieferern.

2.6 Minimierung der Energie bei der Lötfertigung (6. Gebot)

Die Einsparung von Energie ist heute ebenfalls eine zentrale Frage in der Löttechnik. Offensichtliche Lösungen sind die Verringerung der Anzahl der Lötverbindungen, die Verringerung der Löttemperatur, die Verringerung der Haltedauer bei Löttemperatur, die Erhöhung der Erwärmungsgeschwindigkeit auf Löttemperatur sowie der Übergang vom Löten mit allgemeiner Erwärmung (Ofenlöten) zum Löten mit lokaler Erwärmung (Flammlöten, Lichtbogenlöten, Laserlöten usw.). Ein hohes Energieeinsparpotential besitzen Lötverfahren mit direkter Erwärmung der Lötverbindungen, wie das Widerstandslöten, das Induktionslöten oder das exotherme Löten, was aber nur für bestimmte Lötbaugruppen anwendbar ist.

Die größten Energieeinsparungen sind wahrscheinlich durch die Modernisierung der Batch- bzw. Durchlauf-Lötöfen zu erreichen. Insbesondere ältere Durchlauföfen dienen häufig noch als "zusätzliche Heizung der Fertigungshallen". Durch eine verbesserte Wärmedämmung mit innovativen Dämmstoffen (Bild 43) und Wärmetauscher im Abluftsystem werden hier deutliche Verbesserungen erzielt.

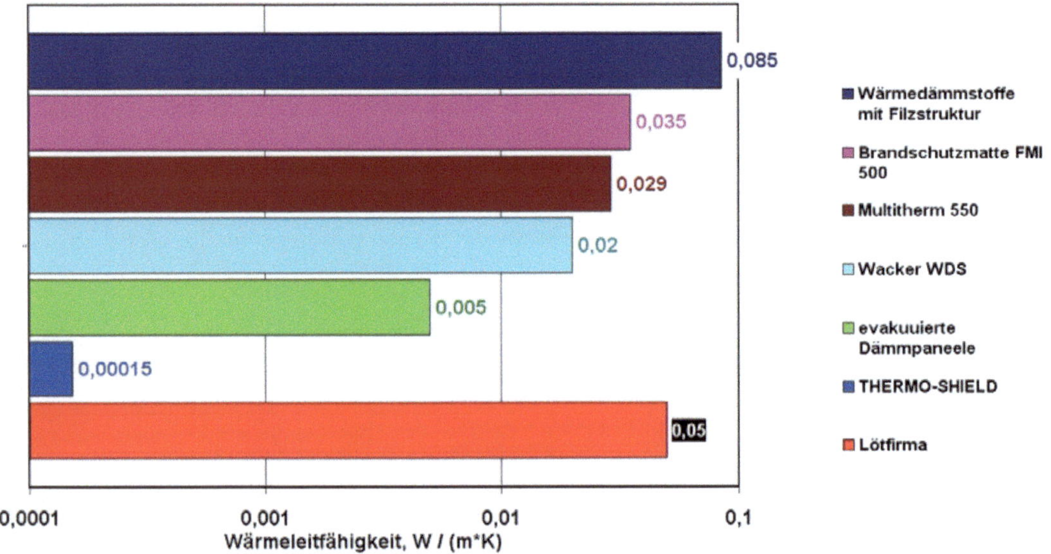

Bild 43. Innovative Wärmedämmstoffe

Die beste Wärmedämmung wäre durch Vakuum zu erzielen. Das würde aber eine aufwendige Ofenkonstruktion mit Vakuumdichtungen und Pumpen erforderlich machen. Neuartige Dämmstoffe kommen diesen Eigenschaften aber sehr nahe, indem mit Vakuum "gefüllte" Hohlkugeln als Füllstoffe verwendet werden.

Interessant ist in diesem Zusammenhang die permanente Erfassung des Energieverbrauchs für die einzelnen Löteinrichtungen, z.B. über die automatische Messung der verbrauchten Energie "an der Steckdose". So können Vergleichswerte bestimmt werden, die die Schwerpunkte für eine gezielte Energieeinsparung für den Anwender darstellen können. Dafür ist in [Reus-06] ein interessantes und sehr lehrreiches Beispiel über die Energieeinsparung beim Übergang zu den bleifreien Fertigloten beschrieben. So sind in Bild 44 die wichtigsten Prozessparameter für das untersuchte Reflowlöten mit bleihaltigen und bleifreien Loten ausgewiesen.

Bleihaltige Baugruppe

	Transportgeschwindigkeit (cm/Minute)	T_{peak} °C	$t_{Liquidus}$ (Sek.)	ΔT	Energieverbrauch (KWh)
Profil manuell ermittelt	95	223,5	82,0	11,06	10,4
Automatisch optimiert	92,3	216	81,3	9,18	8,8

Bleifreie Baugruppe

	Transportgeschwindigkeit (cm/Minute)	T_{peak} °C	$t_{Liquidus}$ (Sek.)	ΔT	Energieverbrauch (KWh)
Profil manuell ermittelt	90	252,7	88,8	9,71	11,5
Automatisch optimiert	80,6	241,4	85,0	4,67	10,6

Bild 44. Vergleich der Verfahrensparameter und des Energieaufwandes beim Übergang von bleihaltigen zu bleifreien Fertigloten [Reus-06]

Daraus wurden danach die Einsparungen an den Energiekosten abgeleitet und die Zeiteinsparungen entsprechend dem 9. Gebot der Lötfertigung bestimmt (Bild 45).

Energiekosten/Maschine in Euro	**Bleihaltig**	**Bleifrei**
Nicht optimiert	5990	6624
Optimiert	5069	6106
Einsparung	921	518

Bild 45. Vergleich der Energiekosten

An diesem Beispiel wird gezeigt, wie der Übergang von bleihaltigen zu bleifreien Loten durch die höheren Löttemperaturen zu deutlich höheren Energiekosten führt.

Aus Sicht einer umweltfreundlichen Fertigung ist natürlich kritisch zu hinterfragen, inwieweit die Einsparung von Blei als Legierungselement den Mehrverbrauch an Energie beim Löten rechtfertigt (siehe 3. Gebot). Unabhängig davon wird aber auch das hohe Einsparpotential durch eine automatische Optimierung der Prozesse nachgewiesen.

Maschinelle Lötprozesse in der Elektronik sind in der Regel energetisch sehr ineffizient. Das liegt vor allem daran, dass die Anlagen für eine hohe Prozessstabilität bei variabler Auslastung dimensioniert sind. Außerdem werden Konvektionslötanlagen für einen möglichst großen Durchsatz als offene Durchlausysteme konzipiert, wodurch ein hoher Energieverlust durch ausströmende Heißluft in Kauf genommen wird. Ein Rechenbeispiel zeigt, dass die Erwärmung einer typischen Baugruppe auf Löttemperatur einen Nettoenergiebedarf von ca. 70 kJ erfordert. Der tatsächliche Energieverbrauch der Lötanlage beträgt aber 400 kJ, also mehr als das Fünffache. Das Absenken der Löttemperatur bietet deshalb ein erhebliches Energieeinsparpotential. Möglich wird das durch die Nutzung exothermer Reaktionen während des Lötprozesses. Im BMBF-Verbundprojekt "Thermoflux" wurden Pasten entwickelt, die während des Lötprozesses zusätzliche Wärme unmittelbar an der Lötstelle erzeugen. Im Gegensatz zu den exotherm reagierenden NanoFoils [Hemk-14] werden diese Pasten etwa bei 185°C während der Vorwärmung thermisch gezündet. Dadurch ist ein simultaner Start der exothermen Reaktionen an allen Lötverbindungen der Baugruppe möglich, wodurch diese Methode in Standard-Reflowlötverfahren integriert werden kann. Das gemessene Temperaturprofil zeigt, wie dadurch die Ofentemperatur auf 215°C abgesenkt werden kann, das liegt unterhalb der Schmelztemperatur des SnAgCu-Lotes und ca. 25 K niedriger, als die üblichen Spitzentemperaturen beim Reflowlöten. Trotzdem steigen die lokalen Temperaturen an den Lötverbindungen deutlich über den Schmelzpunkt des Lotes. Eine Abschätzung des Energieverbrauches auf der Grundlage der Daten aus industriellen Elektronikfertigungen ergab, dass eine Absenkung der Ofentemperatur um 25 K eine Energieeinsparung von über 20% ermöglichen sollte.

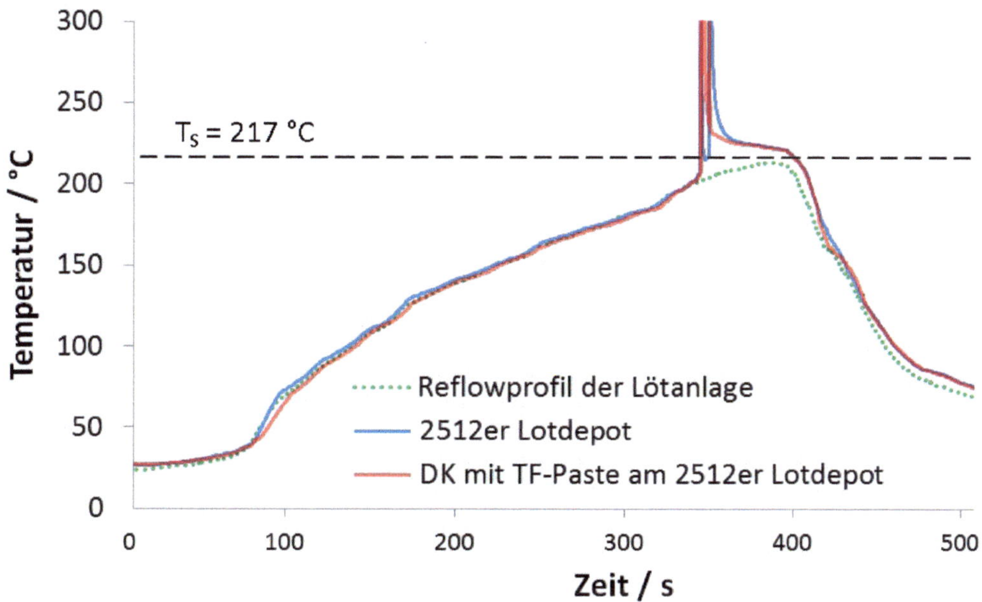

Bild 46. Gemessene Temperaturverläufe auf einer Testbaugruppe während des Reflowlötens mit einer exotherm reagierenden Thermoflux-Paste (TF) [Seeh-14]

2.7 Minimierung der Informationen bei der Lötfertigung (7. Gebot)

Die technische und wirtschaftliche Bedeutung der Informationstechnik als Fertigungselement in der Löttechnik sollte nicht unterschätzt werden. Dabei kann unter Informationstechnik nach [Info-14] folgendes verstanden werden: *"Informationstechnik ist ein Oberbegriff für die Informations- und Datenverarbeitung sowie für die dafür benötigte Hard- und Software"*. Die Information selbst kann als *"Maß für den Grad an Unterscheidbarkeit"* mit dem "Bit" als Einheit definiert werden [Lyre-02]. Die Wachstumsrate der Kommunikationstechnik beträgt jährlich etwa 30 % und wächst fünfmal so schnell wie das allgemeine weltweite Wirtschaftswachstum. *"Die Menge an Daten, die erstellt, vervielfältigt und konsumiert werden, wird 2020 bei etwa 40 Zettabytes liegen – und damit 50-mal so hoch wie noch vor drei Jahren, schätzen die Marktbeobachter von IDC und des Speichersystem-Herstellers EMC. Hinter einem Zettabyte stehen schon 21 Nullen."* [Jüng-13]

Dabei werden Informationen auch immer mehr zum Kapital, das in der Wirtschaft gehandelt wird und natürlich auch entsprechend gesichert werden muss. So zeigt eine Statistik über Datensicherheit im Zusammenhang mit der zunehmenden Vernetzung für die Industrie 4.0, welche Ausmaße der Diebstahl von Daten mittlerweile angenommen hat (**Bild 47**).

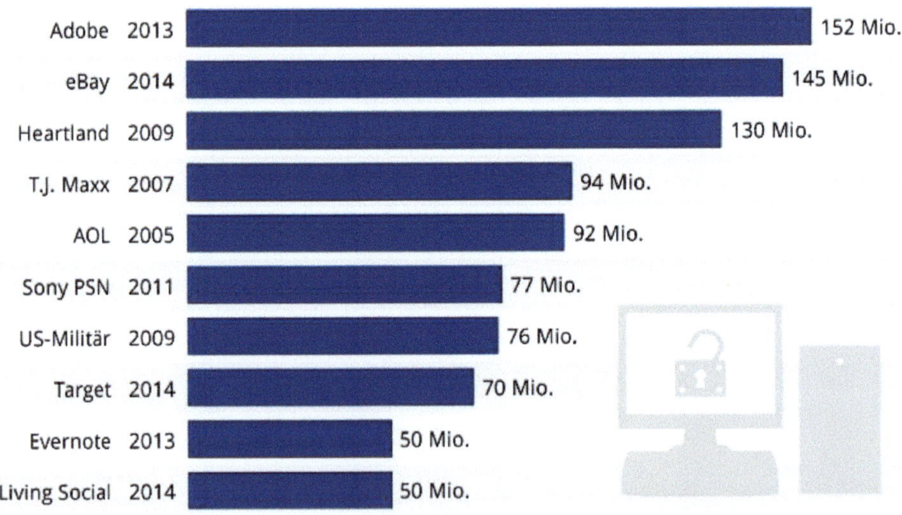

Bild 47. Gestohlene Datensätze bei ausgewählten Datendiebstählen seit 2005 [mana-14]

Informationen stellen aber nicht nur eine wichtige wirtschaftliche Ressource dar. Durch die Entropie ("Maß der Unordnung" oder auch "Informationsdichte") können Informationen auch physikalisch beschrieben werden. Unter dem Titel "Information ist Energie" [Page-13] wird durch Pagel aus quantenphysikalischer Sicht hergeleitet, dass beide Größen unmittelbar miteinander verknüpft sind. Auf Quantenebene sind diskrete Informationen nicht teilbar oder kopierbar (*no-cloning Theorem*), was sich prinzipiell auch als Kopierschutz im Sinne der Datensicherheit einsetzen lässt [Lloy-10].

Aus dieser Analogie zwischen Energie und Information ergibt sich, dass auch das 6. Gebot zur energiearmen Lötfertigung mit dem 7. Gebot der informationsarmen Lötfertigung über den Träger beider Größen, den Stoff oder die Materie im Zusammenhang steht. Die Rolle der Informationen beim Schmelzlöten wird aus dem folgenden Schema ersichtlich (Bild 48).

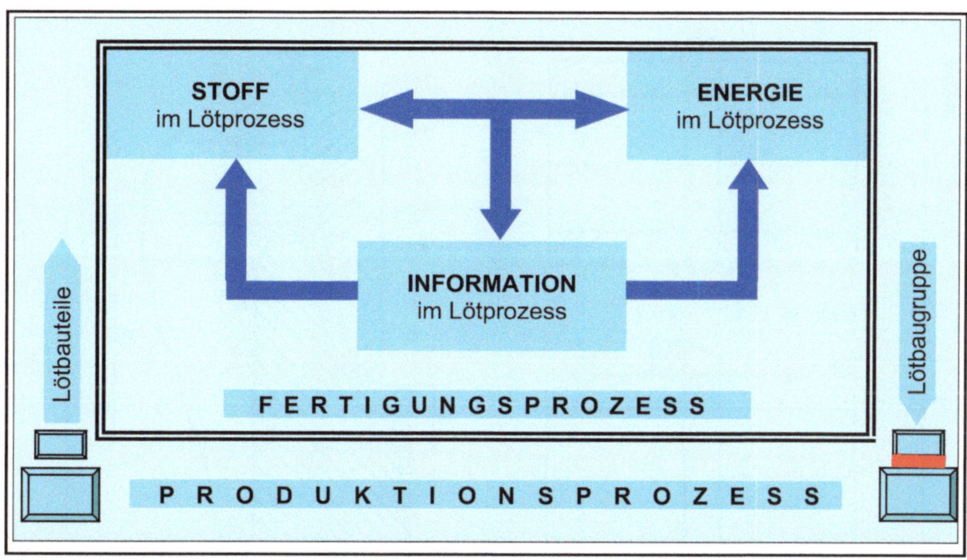

Bild 48. Einordnung der Information als Element des Fertigungsprozesses "Löten"

Zur informationsarmen Fertigung ist es erforderlich, den Transport der Informationen im Raum (Kommunikation), in der Zeit (Speicherung) und das Verarbeiten der Informationen (Informatik) zu reduzieren. Die Analyse des Standes der Technik ergab dazu folgende Rationalisierungsvarianten:

- Anwendung von vergegenständlichten Informationen,

- Anwendung von physikalisch-chemischen Grenzzuständen und

- Anwendung von Sicherheitslösungen.

In Bild 49 sind drei Beispiele für die Anwendung vergegenständlichter Informationen wiedergegeben. In den ersten zwei Lösungsvarianten wurden speziell geformte Montageringe zur Vormontage von Rohr-Stumpfstoß-Verbindungen angewendet. Diese Montageringe können über den Umfang unterbrochen sein und auch aus dem Fertiglot hergestellt sein. Die dritte Variante wurde für das Schmelzlöten von Rohrleitungen für Öl- und Gaspipelines erarbeitet, wodurch das konventionelle Schmelzschweißen abgelöst werden konnte [Petr-03]. Dadurch können die sonst üblichen Prüf- und Messvorrichtungen eingespart werden, was den Anteil der benötigten und verarbeiteten Informationen minimiert.

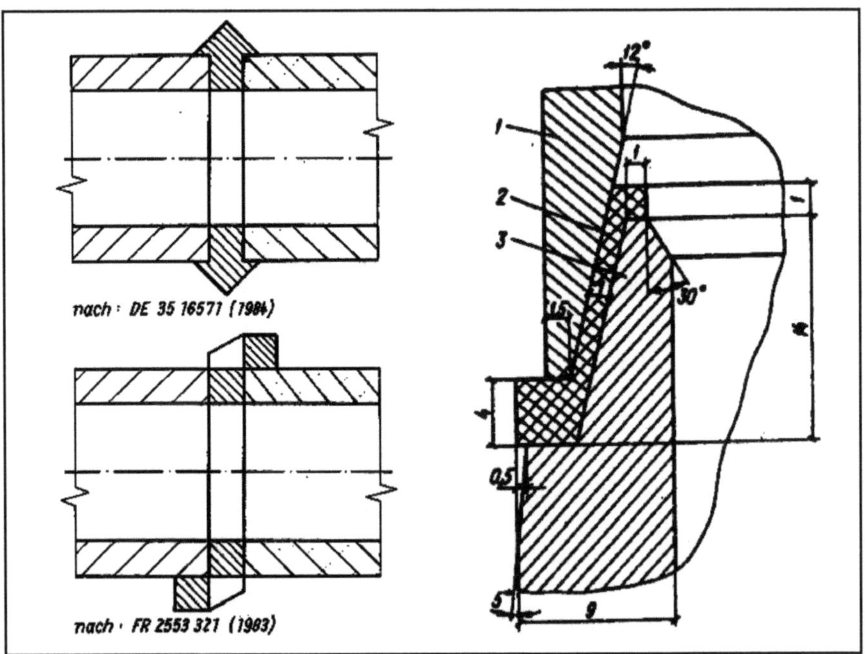

Bild 49. Informationsarme Vormontage durch vergegenständliche Informationen

Beim Schmelzlöten von Baugruppen mit Längsnähten (z.B. Bleche) ist die Vormontage der entsprechenden Bauteile erschwert, da das in der Regel eine sehr genaue und aufwendige Teilefertigung verlangt. Das Ausrichten während der

Vormontage erfordert eine aufwendige Mess- bzw. Prüftechnik. Auch hier kann die Anwendung der vergegenständlichen Informationen die Fertigung rationalisieren.

Im linken Beispiel (Bild 50) können gewisse Abweichungen längs der herzustellenden Lötnaht durch das thermische Schmelzen des darüber vormontierten Bauteils zugelassen werden. Es ist kein vorgegebener Montage- bzw. Lötspalt zu füllen. Das rechts dargestellte Beispiel lässt ebenfalls bestimmte Abweichungen in Längsrichtung der zu lötenden Längsnaht zu. Alle unvermeidlichen Abweichungen in Längsrichtung werden durch das gemeinsame und gleichzeitige Trennen beider Bauteile identisch hergestellt. Anschließend kann eine fehlerfreie Vormontage beider Bauelemente ohne zusätzliche Messungen erfolgen.

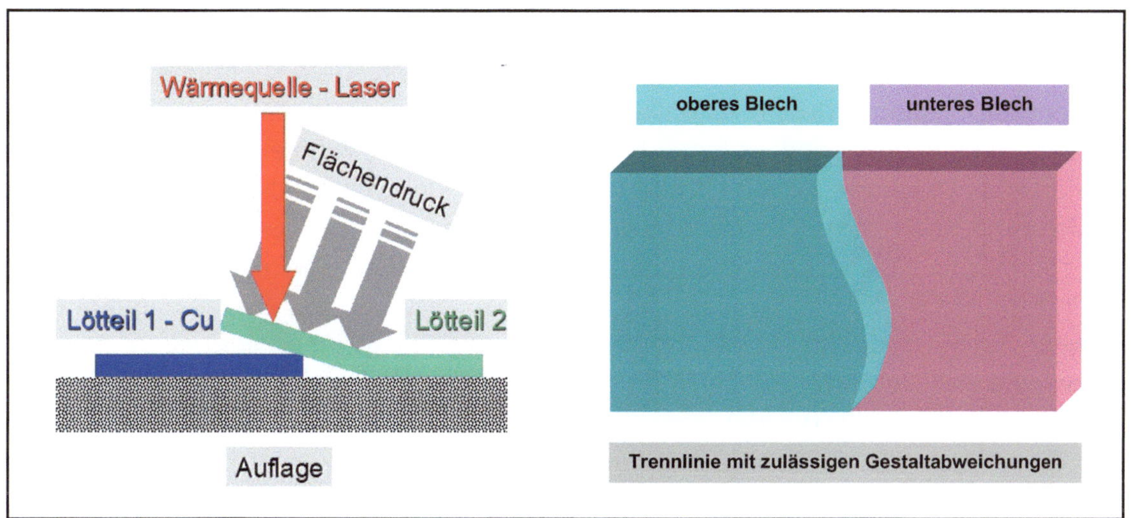

Bild 50. Informationsarme Vormontage durch vergegenständliche Informationen

Weitere Beispiele für die Anwendung informationsarmer Lötverfahren durch Nutzung der physikalisch-chemische Grenzzustände sind in Bild 51 dargestellt.

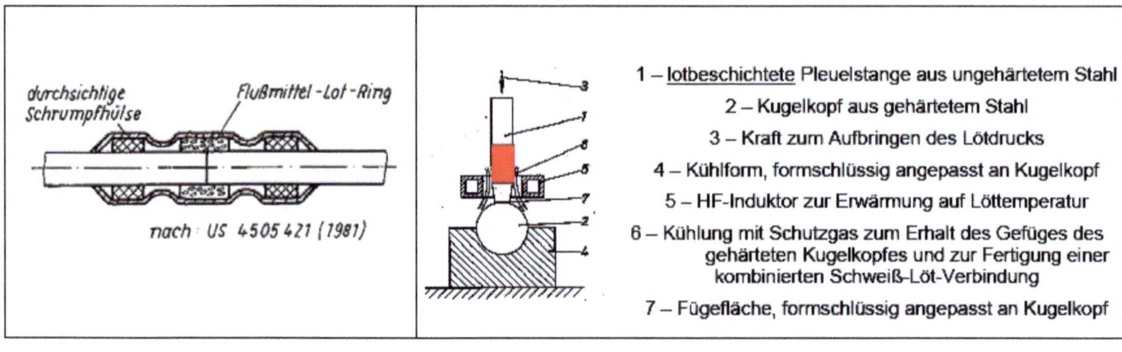

Bild 51. Informationsarme Vormontage durch vergegenständliche physikalisch-chemische Grenzzustände (Farbwechsel und Lotschmelzen) [Gen-81] [Taut-86]

Das linke Beispiel in Bild 51 zeigt eine multifunktionale Lötmuffe, die eine Temperaturmessung durch einen Farbwechsel des angewendeten Flussmittels ersetzt, eine ausreichend genaue Vormontage der zu verlötenden Kabel sichert sowie die Nacharbeit zur Entfernung der Flussmittelrückstände vermeidet (stufenarme Fertigung). Es wird also der Farbumschlag einer Flussmittelkomponente als chemischer Grenzzustand genutzt. Im angegebenen US-Patent [Gen-81] sind 14 Rezepturen für Löttemperaturen von 220, 240, 250, 260 und 300°C angeführt. Im rechten Beispiel dieser Abbildung ist die Anwendung einer Vorbelotung eines Lötbauteils mit Cu durch Beschichten gezeigt [Taut-86]. Damit erspart man sich die Anwesenheitskontrolle bei der sonst üblichen Anwendung von Lotformteilen durch das Schmelzen der Cu-Lotbeschichtung. Die Schmelztemperatur des Cu wird hier also als physikalischer Grenzzustand genutzt.

Die Nutzung des physikalischen Grenzzustandes für die informationsarme Lötfertigung in der Elektronik zeigt das folgende Beispiel. Die Einhaltung der engen Prozessfenster beim Löten elektronischer Baugruppen erfordert die spezifische Messung und Kontrolle der Temperaturprofile an möglichst unterschiedlichen Bauelementen (großen, kleinen) und Positionen (Gehäuse, Lötanschluss, Leiterplatte). Für Vakuumlötprozesse, wie sie gerade für die Montage von Leistungselektronikbaugruppen (IGBT-Module) immer häufiger verwendet werden, ist die Erfassung der Temperaturen aber auf Grund der Schleusen und wechselnden Drücke sehr aufwändig. Das Kondensationslöten stellt einen Prozess dar, der die Maximaltemperatur physikalisch bei der Kondensationstemperatur des Mediums begrenzt und außerdem durch den sehr effizienten Wärmübergang auch eine gleichmäßige Temperaturverteilung auf der Baugruppe gewährleistet. Die Kombination aus Vakuumlöten und Kondensationslöten ist deshalb besonders sinnvoll, da mit einem Minimum an Informationen eine maximale Prozesssicherheit gewährleistet werden kann. Dazu wird der physikalische Grenzzustand des kondensierenden Dampfes als Indikator für das Erreichen und Einhalten der Löttemperatur genutzt. Ein entsprechendes Anlagenkonzept der Fa. Rehm Thermal Systems ist im Bild 52 zu sehen.

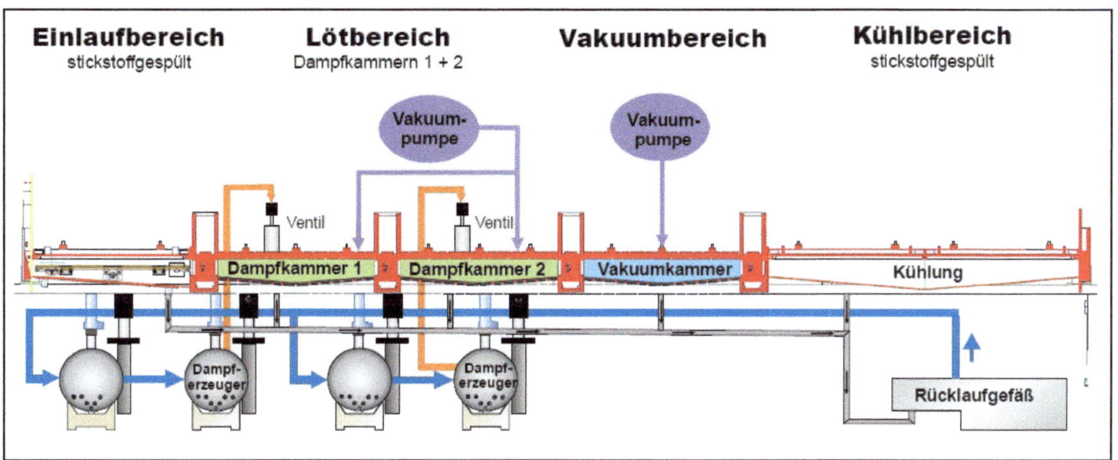

Bild 52. Schema einer Inline-Kondensationslötanlage [Bell-07]

2.8 Minimierung der Produktionsfläche bei der Lötfertigung (8. Gebot)

Die Rationalisierung durch produktionsflächenarme Fertigung beinhaltet die Entwicklung und Anwendung von konstruktiven und/oder technologischen Lösungen in der Löttechnik, die die Fertigung einer auf den umbauten Produktionsraum bezogenen maximalen Qualitätsmenge garantieren. Die gefertigte Qualitätsmenge muss prinzipiell auf den gesamten Produktionsraum (x/y/z, also das Volumen) bezogen werden. Die praktischen Gegebenheiten im industriellen Umfeld zeigen aber klar, dass die Fläche wesentlich höher bewertet wird als die Höhe, da diese Ressource gerade in Ballungszentren äußerst begrenzt und deshalb kostbar ist. Das zeigt sich nicht zuletzt in der Gebäudekonstruktion, wo man versucht, die Höhe bzw. auch die Tiefe zu maximieren. So erfolgt auch die Installation von Löteinrichtungen (z.B. Stromquellen), Lötvorrichtungen (z.B. Industrieroboter u. a. mechanisiert arbeitende Transporteinrichtungen) und/oder Lötgeräten (Netzteile oder Geräte für die Datenverarbeitung) durch die konsequente Nutzung von Kellergeschossen sowie der Decke der Produktionsräume.

Die Nutzung der Höhe der Produktionsfläche gewinnt in der automatisierten Fertigung eine immer größer werdende wirtschaftliche Bedeutung. Dadurch können die eigentlichen Produktionsflächen verringert werden. Das führt durch die damit verbundene Aufwandsverringerung zu gewollten Rationalisierungseffekten. Der benötigte Produktionsraum bzw. die Produktionsfläche stellt also einen wichtigen technisch-wirtschaftlichen Faktor dar. Gerade Ofenlötprozesse in Durchlaufanlagen mit hohem Durchsatz und/oder langer Verweildauer benötigen unter Umständen eine erhebliche Produktionsfläche. So besitzen moderne Reflowlötanlagen in der Elektronikfertigung in der Regel eine Länge von 3 bis 4 Metern, können aber durchaus bis zu 7 Meter lang sein [Frie-14].

Neuartige Fügeverfahren, wie das Diffusionslöten oder Sintern, die zunehmend in der Leistungs- und Hochtemperaturelektronik eingesetzt werden, erfordern auch neue Anlagenkonzepte. So benötigt das Diffusionslöten sehr lange Lötzeiten bzw. eine thermische Nachbehandlung, die mit herkömmlichen Durchlaufanlagen extreme Längen oder sehr kleine Transportgeschwindigkeiten bedingen würden. Für derartige Anwendungen wurde z.B. von der Fa. Seho Systems ein flexibles Anlagenkonzept entwickelt, das eine Minimierung des Prozessraums bei gleichbleibendem Durchsatz ermöglicht. Da die thermische Nachbehandlung bzw. das Diffusionslöten konstante

Temperaturen erfordern, ist es möglich bis zu 50 Baugruppen in speziellen Kammern mit einem Kettenförderer raumsparend unterzubringen. Die Baugruppen werden darin nach dem FIFO-Prinzip gestapelt und bei konstanter Temperatur gelagert. Verschiedene Module mit unterschiedlichen Temperaturniveaus lassen sich mit herkömmlichen Inlinie-Systemen kombinieren.

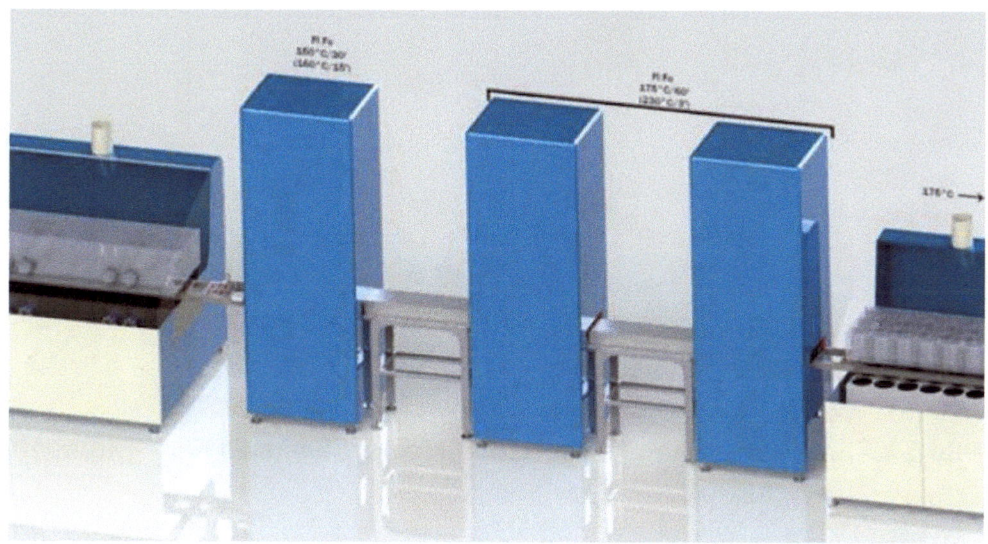

Bild 53. Konzept eines Anlagenmoduls für eine thermische Nachbehandlung [Wege-14]

Ähnliche "Tower"-Konzepte sind aber auch für Bauteilmagazine oder platzsparende Konvektionslötanlagen bekannt.

Es sei am Rande vermerkt, dass dieser Trend auch auf anderen Gebieten der Wirtschaft und sogar in der Landwirtschaft beobachtet werden kann. Treibhäuser wie z. B. dieses in Bild 54 sollen nach den Vorstellungen des Mikrobiologen Dickson Despommier von der Columbia University in New York in Zukunft die Städte mit Nahrung versorgen.

Bild 54. The Vertical Farm Project - Vision einer vertikalen Farm [Kräm-10]

2.9 Minimierung der Prozesszeit bei der Lötfertigung (9. Gebot)

Die Intensivierung durch prozesszeitarme Fertigungen stand und steht bis heute im Mittelpunkt der wirtschaftlichen Entwicklung durch Rationalisierung. Grundsätzlich können dazu in der Lötfertigung folgende Maßnahmen beitragen:

- Erhöhung der Erwärmung- und Abkühlgeschwindigkeit.

- Verringerung der Löttemperatur.

- Anwendung von zeitsimultanen Verrichtungen, wobei gleichzeitig mehrere Verrichtungen mit gleichen Funktionen durchgeführt werden wie z.B. Lötöfen mit parallelen Transportbändern.

- Anwendung von zeitparallelen Verrichtungen, wobei gleichzeitig mehrere Verrichtungen mit unterschiedlichen Funktionen durchgeführt werden wie z.B. z.B. Löten und Wärmebehandeln.

- Eliminierung von Verrichtungen aus dem Fertigungsprozess z.B. durch "no-clean" - Flussmittel zur Vermeidung von Reinigungsprozessen.

- Verlagern von Verrichtungen aus dem Lötprozess in vor- oder nachgelagerte Fertigungsprozesse z.B. mit erhöhter Arbeitsgeschwindigkeit.

- Anwendung von Verrichtungen erhöhter Arbeitsgeschwindigkeit z.B. durch den Übergang von einer globalen zur internen lokalen Energieeinbringung wie beim Widerstandslöten.

In der Elektronikindustrie erfolgt die Massenfertigung von Lötbaugruppen in der Regel in Fertigungslinien. Dabei bestimmt der langsamste Prozess die Qualitätsmenge der gesamten Linie. Im Idealfall besitzen alle Anlagen einer Linie die gleiche Geschwindigkeit. Gerade bei Inline-Lötprozessen lässt sich bei vorgegebener Prozessdauer die Geschwindigkeit in gewissen Grenzen durch die Länge der Lötanlage anpassen. Bei anderen notwendigen Prozessen, wie dem Schablonendruck oder dem Bestücken ist das nicht möglich. Hier lässt sich der Durchsatz oft nur durch eine simultane Verarbeitung mehrerer Baugruppen auf größerer Fläche (z.B. Nutzen-Größe beim Schablonendruck) oder eine Parallelisierung durch mehrere Anlagen (z.B. mehrere Bestückautomaten für unterschiedliche Bauelemente) erhöhen.

Bei der Minimierung der Prozesszeiten darf auch nicht vergessen werden, entsprechende Wartungszyklen zu planen (z.B. nach zwei Schichten) und auch die Umrüstzeiten zu beachten, was gerade bei kleinen Serien einen erheblichen Anteil ausmacht. Hier lässt sich Prozesszeit sparen, indem z.B. flexible Bestücksysteme mit austauschbaren Feeder-Wagen bereits während des laufenden Prozesses für den folgenden Prozess vorgerüstet werden (Parallelisierung).

Das folgende Beispiel zeigt die Minimierung der Prozesszeit für die Chipmontage in der Elektronik. Für viele moderne Anwendungen mit hoher Miniaturisierung (z.B. LCD-Ansteuerungen, RFID, Smart Cards) werden schnelle, kostengünstige und zuverlässige Prozesse zur direkten Montage ungehäuster Chips, die sogenannten Flip-Chips und für das Bumping (Aufbringen von Lotkugeln) benötigt. Durch die Nutzung eines wenige Millisekunden dauernden Laserimpulses kann eine kontrollierte Erwärmung für das Reflowlöten oder die Härtung von Klebstoffen und Underfillern erfolgen. Der Lotkugel-Bumper SB2 (Fa. PacTech) kombiniert diese Erwärmung mittels Laserimpuls mit einem Bestückungswerkzeug für Lotkugeln, wodurch ein sehr schneller Prozess (10 Balls/s) ermöglicht wird. Im Vergleich zu anderen Lötverfahren (Thermode, Reflowofen) kann die Prozesszeit bei der Lötfertigung deutlich minimiert werden (siehe Bild 55).

	Heating Time [sec]	Range [~]
Laser	0.01 – 0.1	msec
Thermode	2 - 4	sec
Reflow Oven	30 - 60	min

Zeitdauer bis zum Erreichen der Löttemperatur

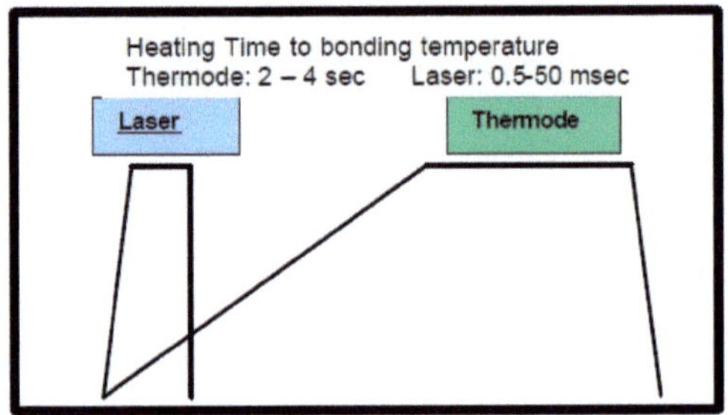

Schematischer Vergleich

Bild 55. Vergleich zwischen Thermoden- und Laserbonden [Teut-04]

Darüber hinaus erlaubt der Laser-Bumping-Prozess eine hohe Flexibilität bei der Verarbeitung von Lotkugeln unterschiedlichster Durchmesser (80µm – 760µm) und Lotlegierungen (bleifreie Standardlegierungen, PbSn, AuSn).

2.10 Minimierung des Arbeitsvolumens bei der Lötfertigung (10. Gebot)

Das Arbeitsvolumen umfasst die insgesamt von Arbeitnehmern geleisteten Arbeitsstunden in der Produktion, in diesem Fall in der Lötfertigung. Da es sich hier um keine abstrakte Größe handelt sondern letztlich um Menschen, ist eine rein ökonomische Betrachtung aus Unternehmenssicht sicherlich viel zu eng. Schließlich ist die Wertschöpfung und Produktion von Waren kein Selbstzweck, sondern muss immer auch einer volkswirtschaftlichen, gesellschaftlichen und ökologischen Verantwortung gerecht werden. D.h. die Minimierung des Arbeitsvolumens sollte nicht auf Kosten von Mensch und Umwelt erfolgen. Aber auch aus nüchterner wirtschaftlicher Sicht gibt es gute Gründe für eine nachhaltige Strategie, denn "*Autos kaufen keine Autos*" erkannte schon frühzeitig der Unternehmer und Pionier Henry Ford.

Wie die Veröffentlichungen des Statistischen Bundesamtes deutlich zeigen, nimmt die Beschäftigtenzahl in fast allen Wirtschaftszweigen kontinuierlich ab Bild 56.

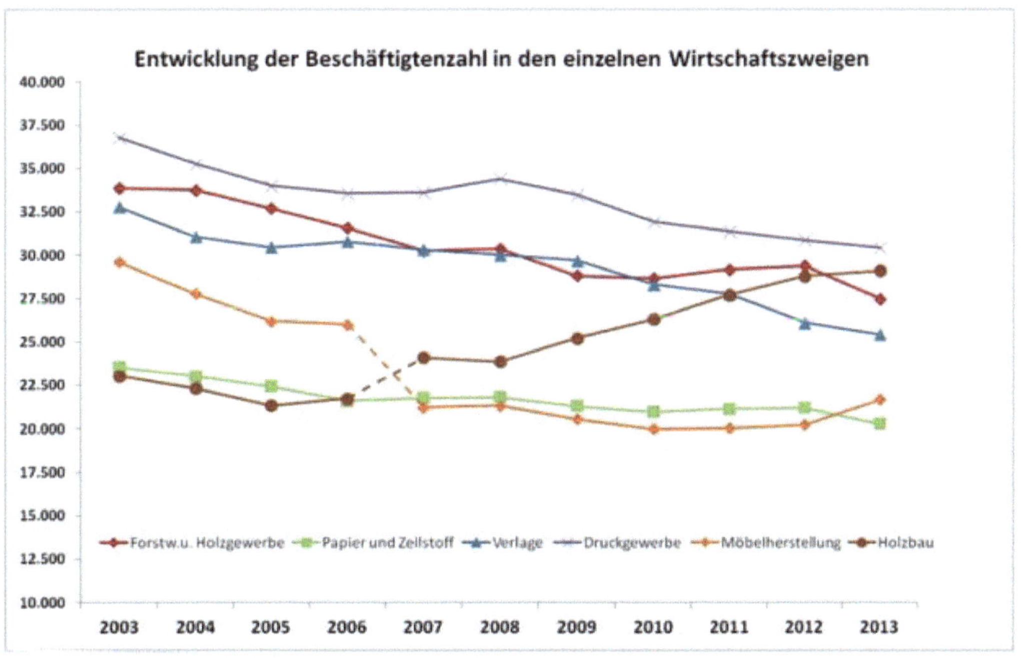

Bild 56. Entwicklung der Beschäftigtenzahl in den einzelnen Wirtschaftszweigen [Stat-16]

Im gleichen betrachteten Zeitraum haben sich aber die Umsätze der Wirtschaftszweige, abgesehen von einem Einbruch während der Finanzkrise 2008/9, ebenso deutlich nach oben entwickelt (Bild 57).

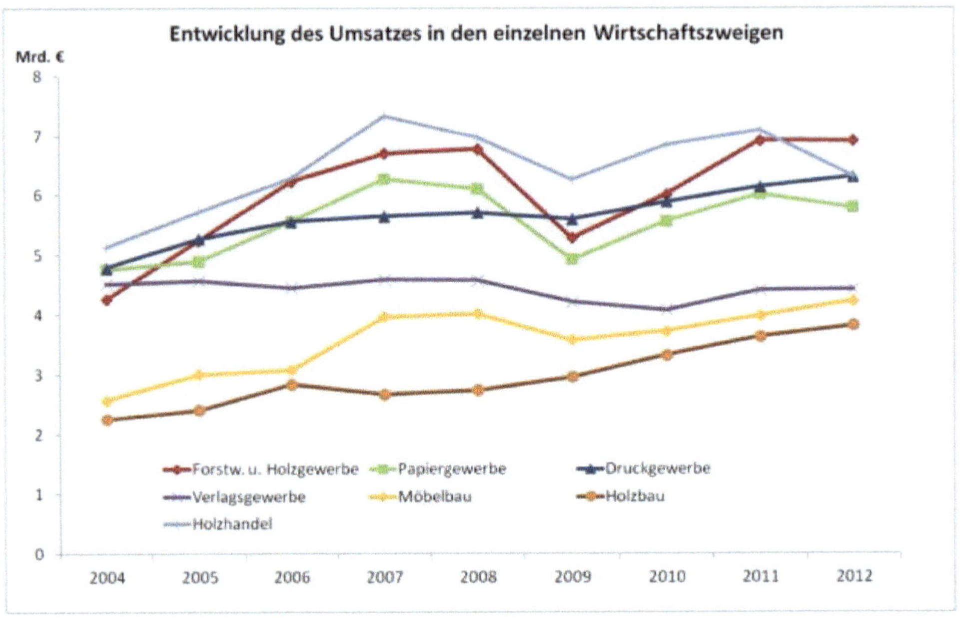

Bild 57. Entwicklung des Umsatzes in den einzelnen Wirtschaftszweigen [Stat-16]

Das belegt die große Bedeutung des 10. Gebotes, da mit immer weniger Arbeitsvolumen eine wachsende Qualitätsmenge produziert wird. Das muss aber nicht zwangsläufig bedeuten, dass sich dadurch die Beschäftigungsquote verschlechtert. Das Arbeitsvolumen kann auch verringert werden, indem die individuelle Arbeitszeit reduziert wird (entweder die wöchentliche Arbeitszeit oder die Lebensarbeitszeit) oder die freigesetzte Arbeitskraft für nicht produktive Arbeiten (Dienstleistung, Bildung, Soziales) genutzt wird. Diese muss natürlich letztlich aus den durch die Rationalisierung erwirtschaften Gewinnen finanziert werden.

Eine weitere Möglichkeit zur Reduzierung des Arbeitsvolumens liegt in der höheren Qualifikation der Arbeitskräfte. So werden inzwischen auch für die Löttechnik in Deutschland spezielle "Lötfachkräfte" ausgebildet: "*Mehr als 60 Jahre nach dem 'Schweißerpass' können jetzt Mitarbeiter in der Elektronikfertigung ihren 'Löterpass' erwerben. Damit kann jedes Unternehmen dann nachweisen, dass die Produkte nach höchstem Qualitätsstandard mit qualifiziertem Personal hergestellt werden … In der im Jahre 2007 gegründeten DVS Arbeitsgruppe AG V 6.3 'Ausbildung Weichlöten in der Elektronikfertigung' wurden die Richtlinien DVS 2620 'Handlöt-Arbeitskraft', 2621 'Lötfachkraft', 2623 "Bildungseinrichtungen" (allgemein) und 2624 'Kursstätte' (speziell für Handlöt-Arbeitskräfte) erarbeitet."* [Kowo-10]

Die höhere Qualifikation der Fachkräfte in der Lötfertigung geht einher mit dem steigenden Grad der Automatisierung. Die Begriffe zur automatisierten Fertigung können unter Berücksichtigung des bereits betrachteten Stoff-, Energie- und Informationstransports formuliert werden, was zu folgendem Schema in Bild 58 führt.

manuelles Löten	teilmecha-nisiertes Löten		Mechanisiertes Löten	teilautoma-tisiertes Löten		automatisiertes Löten
Bediener → S	Bediener → S		Technik → S	Bediener → S		Technik → S
	Technik → E			Technik → E		
Bediener → E	Bediener → I		Technik → E	Technik → I		Technik → E
	Technik → S			Technik → S		
Bediener → I	Bediener → E		Bediener → I	Bediener → E		Technik → I
	Bediener → I			Technik → I		
S = Stofftransport / E = Energietransport / I = Informationstransport						

Bild 58. Arten des Mechanisierungs- bzw. Automatisierungsgrades

Ausgehend von diesen Begriffen kann man also zwischen manueller Fertigung, teilmechanisierter Fertigung, mechanisierter Fertigung, teilautomatisierter Fertigung und vollautomatisierter (bedienerloser) Fertigung unterscheiden. Da eine völlig bedienerlose Fertigung aus heutiger Sicht kaum möglich noch erstrebenswert ist, sind vor allem die Schnittstellen zwischen Mensch und Prozess bzw. Maschine im Interesse der aktuellen wissenschaftlich-technischen Entwicklung. Einerseits ermöglicht die höhere Qualifikation der Fachkräfte den sicheren Umgang mit der komplexen Technik, andererseits entwickeln sich aber auch die technischen Systeme immer weiter. Dank "Cyber-Physikalischer-Systeme" und "intelligenter" Roboter können nicht nur Produkte, Maschinen und Prozesse miteinander vernetzt werden, sondern auch menschliche Bediener integriert werden, an die sich die Systeme anpassen. Dieser Entwicklungstrend im Rahmen der "Industrie 4.0" ist in Bild 59 dargestellt [DFKI-15].

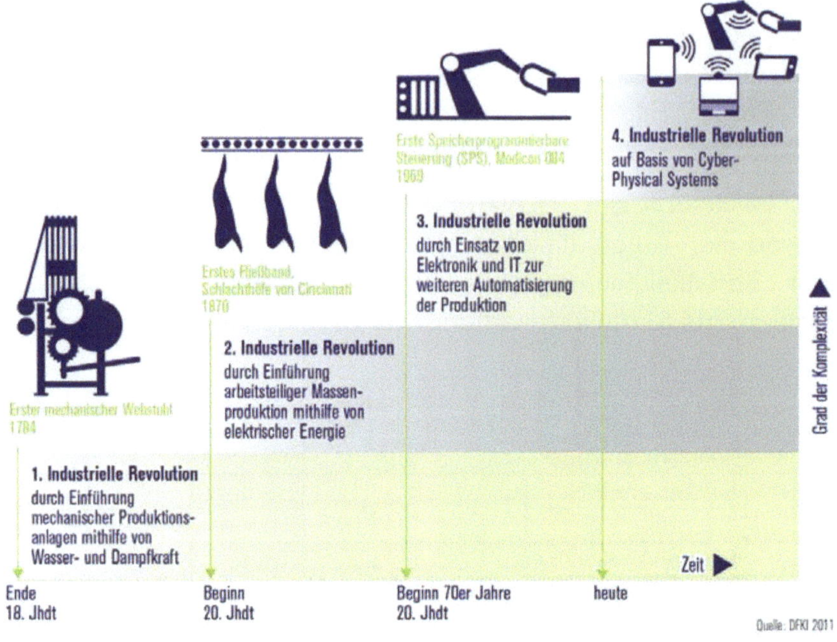

Bild 59. Cyber-Physical Systems könnten eine ähnliche Zäsur bedingen wie zuvor Dampfkraft, arbeitsteilige Massenproduktion oder Automatisierung [DFKI-15]

Prinzipiell sollte die Rationalisierung mit der Qualitätsoptimierung beginnen und zuletzt mit der Mechanisierung bzw. Automatisierung abschließen. Für die Ablösung der manuellen Arbeit durch eine entsprechende Mechanisierung und Automatisierung der Lötfertigung können neben ökonomischen aber auch folgende technische oder humanitäre Ursachen verantwortlich sein:

- Die Geschwindigkeit der notwendigen Verrichtungen beim Löten ist für den Bediener zu groß.

- Die erforderliche Qualität (durch Miniaturisierung, kleinere Toleranzen) der Lötverbindungen ist durch Bediener nicht mehr zu gewährleisten.

- Die prozessbedingten Arbeitsbedingungen wirken sich auf den Bediener potentiell schädigend z.B. durch Dämpfe, Feinstaub, Strahlung, Temperaturen usw. aus.

3   Nachwort

Die Autoren haben, ausgehend von einer eingehenden Analyse des Standes der Löttechnik, ein System der Rationalisierung des Lötens entwickelt. Daraus haben sich 10 Gebote der Löttechnik ergeben, die im Einzelnen beschrieben und an Beispielen erklärt wurden. Dabei ist zu beachten, dass auch alle Fertigungselemente den Kriterien der Rationalisierung entsprechen sollten. Das bedeutet:

- Die Anzahl der zu fertigen Lötbaugruppen ist zu minimieren.

- Die Anzahl der eingesetzten Lötverfahren ist zu minimieren.

- Die Menge der verwendeten Lötmaterialien ist zu minimieren.

- Die Anzahl der Lötparameter ist zu minimieren.

- Die Anzahl der Löteinrichtungen zum Energietransport ist zu minimieren.

- Die Anzahl der Lötvorrichtungen zum Stofftransport ist zu minimieren.

- Die Anzahl der Lötgeräte zum Informationstransport ist zu minimieren.

- Das Arbeitsvolumen der Lötfachkräfte ist zu minimieren, was dem 10. Gebot der Rationalisierung entspricht.

In der Praxis stellt sich natürlich die Frage, mit welcher Priorität die 10 Gebote jeweils berücksichtigt werden müssen und wie vorzugehen ist, wenn die einzelnen Forderungen zu gegensätzlichen Lösungsansätzen führen. Aus wirtschaftlicher Sicht empfiehlt sich die Anwendung des nach dem italienischen Ökonomen Vilfredo Pareto benannten "Pareto-Prinzips", auch bekannt als "80/20-Regel". Er stellte fest, dass nur etwa 20% der Bevölkerung im Besitz von 80% des Vermögens sind. Im übertragenen Sinne bedeutet dieses Prinzip, dass z.B. 20% der Fehler für 80% des Ausschusses verantwortlich sein können [Labu-10] oder mit der Umsetzung von 20% der möglichen Rationalisierungsmaßnahmen (also 2 von 10 Geboten) bereits 80% der möglichen Einsparungen realisiert werden können.

Zu diesem Zweck sollte zunächst betrachtet werden, wie hoch der Kostenanteil der verschiedenen Fertigungselemente am entstehenden Produkt ist. Eine entsprechende Analyse führt oft zu interessanten Erkenntnissen, wie das am Beispiel der Fertigung eines iPhone in Bild 60 gezeigt wird. Die eigentliche Fertigung dieses High-Tech-Produktes erfolgt in China, wobei das Arbeitsvolumen der daran beteiligten Arbeitskräfte nur 1,8% der Kosten ausmacht. Die in der Logistik,

Programmierung etc. beschäftigten Arbeitskräfte außerhalb Chinas machen ebenfalls nur 3,5% aus. Die Anwendung des 10. Gebotes würde hier also nur einen geringen Effekt haben. Dagegen entfallen fast 22% auf die Materialkosten, der "Rest" sind Gewinne des Herstellers Apple (58%) sowie diverser Zwischenhändler.

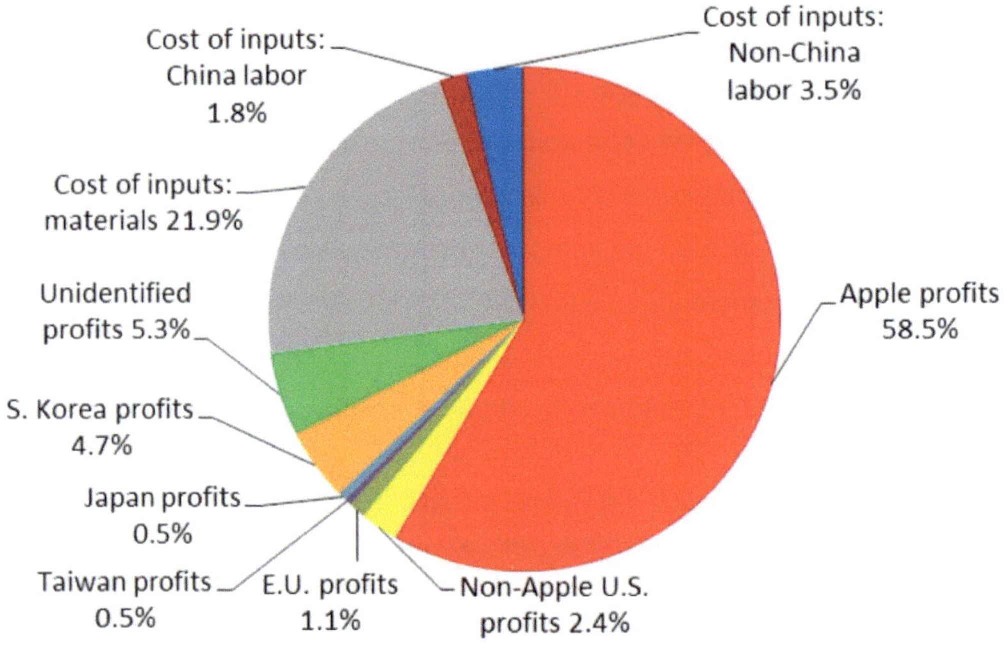

Bild 60. Kostenaufteilung eines Smartphones (iPhone) [Kraem-11]

Im Sinne der kritischen Diskussion des 10. Gebotes in Kapitel 2.10 kann man nur hoffen, dass wenigsten ein Teil dieser Gewinne der Forschung, Bildung, dem Umweltschutz und anderen gesellschaftlichen Aufgaben zugutekommt.

4   Literatur

[Albe-69]   G. F. Albers u.a.: Hartlotpulvermischung zum Löten von Teilen aus Nickellegie-rungen. Patentschrift DE 1 508 323, angemeldet 18.7.1966, veröffentlicht 30.10.1969

[Bell-07]   H. Bell, H. Berek, F. Haas, H. Herwig, A. Moschallski, M. Kröhl, M. Nowottnick, K.-H. Schaller: Vakuum-Kondensationslöten – ein neues Reflowlötverfahren; Rehm Anlagenbau; Projektbericht 2007

[Bell-10]   H. Bell u. a.: Grundlegende Mechanismen der Porenbildung – ein kurzer Ergebnisbericht des AK "Poren". DVS-Berichte 265; Elektronische Baugruppen und Leiterplatten – EBL 2014; Vorträge der 5. DVS/GMM-Tagung in Fellbach am 24. u. 25. Februar 2010

[BGI-593]   BG-Informationen: Schadstoffe beim Schweißen und bei verwandten Verfahren, Vereinigung der Metall-Berufsgenossenschaften 2012

[Brud-12]   E. Bruder: Leichtbauwerkstoffe. Brandenburgische Technische Universität Cottbus, 2012

[Chem-10]   Von biegsamer Keramik und anpassungsfähigen Flüssigkeiten. Chemie.de, 15.04.2010

[Chem-11]   Geballte Materialforschung am KIT. Chemie.de, 22.02.2011

[Chem-12]   Forschern gelingt die Herstellung einer neuen Materialklasse. Chemie.de, 10.05.2012

[Chem-13]   Wertschöpfung 2.0: Lösungen statt Produkte - Advanced-Materials-System sorgt für stärkeres Wachstum in der Chemieindustrie. Chemie.de, 11.01.2013

[Chem-14]   Freiberger Forscher wollen aus Materialfehlern lernen. Chemie.de, 2014

[Cuna-00]   P. J. Cunat: Edelstahl Rostfrei als "Leichtmetall für Dach und Wand". Symposium Edelstahl Rostfrei in der Architektur, Berlin, 15. Juni 2000

[Coxe-52]   Charles D Coxe: Verbundlot und Verfahren zum Löten mit diesem Verbundlot; DE 1030659 B; 12.09.1952

[DFKI-15]   Deutsches Forschungszentrum für Künstliche Intelligenz: Von der Vision zu Industrie 4.0 - 10 Jahre SmartFactoryKL!, Kaiserslautern, 20.05.2015

[DIN-8514]   DIN 8514:2006-05; Lötbarkeit, Beuth Verlag

[DIN-8743]   DIN 8743:2014-01; Verpackungsmaschinen und Verpackungsanlagen - Kennzahlen zur Charakterisierung des Betriebsverhaltens und Bedingungen für deren Ermittlung im Rahmen eines Abnahmelaufs; Beuth Verlag

[Döng-14]   J. Dönges: Kabelfreie Energieübertragung - Neue Technik sendet Strom tief in den Körper. Spektrum.de, 19.05.2014

[Fisc-08]   G. Fischer: Der Evolution auf die Finger geschaut. www.wirautomati-sierer.de, 21.02.2008

[Frie-14]   J. Friedrich: Energieeffizient Reflowlöten - Kostenersparnis durch technische Finessen; productronic 0 1-02 / 2014

[Gado-07]   R. Gadow: Stofflicher Leichtbau mit Sinterkohlenstoff und Verbundwerkstoffen. Themenheft Forschung, Universität Stuttgart, 2007

[Gen-81]   T. G. Gen, E. A. Cydzik: Soldering methods and devices; Patent US 4505421 A; 5.10.1981

[Goro-14]   J. Goroncy u. a.: Neues Gusseisen wiegt Leichtbaudefizite auf. Ingenieur.de, 2. Februar 2014

[GSI-14]   Bilder machen mit Protonen – Erste Experimente mit dem Protonenmikroskop bei GSI, 2014

[Hafn-95]   W. Hafner u. a.: Verfahren und Vorrichtung zum Wellen- und/oder Dampfphasenlöten elektronischer Baugruppen. Patent EP 0828580, angemeldet 24.Mai 1995, veröffentlicht 14.Nov. 2001

[Hemk-14]   G. Hemken, C.Walz, Bremen, J. Heyn, P. Blumenthal und K. Dröder: Einsatz von reaktiven Multischichten zum Fügen von Elektronikkomponenten; DVS-Berichte 301; Elektronische Baugruppen und Leiterplatten EBL 2014; Vorträge der 7. DVS/GMM-Tagung in Fellbach am 11. u. 12. Februar 2014

[Herm-04]   C. Herrmann, Ökologische Bewertung von Elektronikprodukten und -systemen in der Praxis, Elektronik 02/2004

[Info-14]   Informationstechnik – Wikipedia.mht, März 2014

[inom-14]   SPEZIFISCHE STEIFIGKEIT. http://inometa.de/index.php?id= &type=98, 2014

[ISIF-14]   www.isi.fraunhofer.de/isi-de/i/projekte/erhebung_pi.php

[ISO-286]   DIN EN ISO 286 – Geometrische Produktspezifikation, ISO-Toleranzsystem für Längenmaße

[ISO-9000]   DIN EN ISO 9000:2015 Qualitätsmanagementsysteme - Grundlagen und Begriffe

[IWU-15]   Metallschaum Zentrum. Fraunhofer IWU

[JP60-83]   Patentschrift JP 60-12281 "Welding Method", angemeldet 30.06.1983, veröffentlicht 04.06.1985

[Jüng-13]   T. Jüngling: "Datenvolumen verdoppelt sich alle zwei Jahre"; Die Welt – Wirtschaftsredaktion, 16.07.13

[Khor-08]   W. F. Khorunov: Grundlagen des Lötens von dünnwandigen Konstruktionen aus hochlegierten Stählen (russisch). Kiev: Verlag Naukowa Dumka, 2008

[Kloe-03]   J. Kloeser, J. Krenkler: Fehlervermeidung beim SMT-Druckprozess, productronic 10/2003

[Köni-06]   H.-P. Königs: IT-Risiko-Management mit System: Von den Grundlagen bis zur Realisierung - Ein praxisorientierter Leitfaden; Vieweg+Teubner Verlag 2006

[Kowo-10]   J.R. Kowol: Zertifizierte Lötfachausbildungen – Löten nach DVS-Richtlinien; productronic 11/2010

[Krae-11]   K. L. Kraemer, G. Linden, J. Dedrick: "Capturing Value in Global Networks: Apple's iPad and iPhone"; University of California, Irvine 2011

[Kräm-10]   T. Krämer: DIE ZUKUNFT DER STADT - Der Traum von den Stadttomaten, spektrumdirekt, 30.04.2010

[Labu-10]   C. Labude: TopTipp Nr. 10: Das Pareto-Prinzip; BDTV 2010; ISSN 1869-0084

[Lage-15]   Lagerhaltung – Wikipedia.mht, 2015

[LeMa-99]   B.Q. Le, R.H. Maurer, E. Nhan, A. Lew: The Design, Fabrication, and Qualification of Chip-n-Board Technology for Space Electronics; International Journal of Microcircuits and Electronic Packaging, Volume 22, Number 2, Second Quarter 1999 (ISSN 1063-1674)

[Lloy-10]   S. Lloyd; "Absolute Vertraulichkeit im Quanten-Internet", Spektrum Der Wissenschaft; Mai 2010; S. 80-84

[Lyre-02]   H. Lyre: Informationstheorie. Eine philosophische naturwissenschaftliche Einführung. München 2002

[mana-14]   manager magazin: Der größte Datenklau der Internetgeschichte; 06.08.2014

[Mein-14]   J. Meinert: Mini-Herzschrittmacher wird ohne OP eingesetzt. Die Welt, 12.01.2014

[Meta-15]   wikipedia. /org/wiki/Metallschaum, 2015

[Midd-16]   A. Middendorf: IZM/EE-TPI-Rechner, Fraunhofer IZM, Berlin 2016 (www.pb.izm.fhg.de/ee/DE/070_services/)

[NASA-09]   NASA: Das ist die größte Vakuumkammer der Welt. www.welt.de, 16. März 2009

[Noor-14]   R. V. Noorden: Zukunft der Batterie - Der Akku wird neu erfunden (exklusive Übersetzung aus "nature"). Spektrum_de.mht, 01.04.2014

[Osja-73]   G. W. Osjankin, W. A. Iewlev: Anlage zum Schweißen von Längsnähten dünnwandiger Rohre aus Aluminiumlegierungen. Technologie der Fertigung von Schweiß- und Lötkonstruktionen, Verlag der Universität in Saratov (Russland), 1973Communications, 10.1038/ncomms1664, 2012, Spektrum.de, 07.02.2012

[Page-13]   L. Pagel: Information ist Energie - Definition eines physikalisch begründeten Informationsbegriffs; ISBN 978-3-8348-2611-4; Vieweg+Teubner Verlag 2013

[Petr-03]   I. E. Petrunin: Handbuch des Lötens. Verlag Maschinostrojenije, Moskau 2003

[Poll-12] M. Pollmann: Dünnschichtsolarzellen - Mehr Lichtabsorption durch Nanoschalen. Nature 2012

[Reus-06] G. Reusch: Zeitersparnis bei der Profilerstellung. Baugruppenfertigung. www.multi-components.de/uploads/.../EPP-_0906_multi_72dpi.pdf, 2006

[Rose-10] T. Rosenhoeft: Was uns in Zukunft erwartet – Führende Wissenschaftler wagen einen Blick auf die nächsten zehn Jahre. Welt kompakt, 26.1.2010

[Schm-14] H. Schmidt: iPhone zum Minipreis. FOKUS, 25/2014, S. 86-87

[Seeh-14] D. Seehase, H. Huth, F. Bremerkamp und M. Nowottnick Bewertung der Qualität und Zuverlässigkeit von mit exotherm reagierenden Pasten hergestellter Lötverbindungen, DVS-Berichte 301; Elektronische Baugruppen und Leiterplatten EBL 2014; Vorträge der 7. DVS/GMM-Tagung in Fellbach am 11. u. 12. Februar 2014

[Spie-14] V. E. Spiegel-Ciobanu: Schadstoffe beim Schweißen und verwandten Verfahren. BGI Information BGI 593, Vereinigung der Metall-Berufsgenossenschaften.

[Stat-16] Statistisches Bundesamt, Wiesbaden 2016, www.destatis.de

[Stol-73] W. I. Stolbov, G. W. Osjankin, W. P. Sidorov: Montage zum Schweißen einer Längsnaht dünnwandiger Rohre. Technologie der Fertigung von Schweiß- und Lötkonstruktionen, Verlag der Universität in Saratov (Russland), 1973

[Taut-86] O. Tautenhahn u. a.: Einrichtung zum Verbinden von Pleuelstange mit Kugelkopf für hermetische Kältemittelverdichter. Patent DD 236 468 A1, eingereicht 25.04.85, veröffentlicht 11.06.86

[Teut-04] T. Teutsch, L. Titerle, T. Oppert, G. Azdasht, E. Zakel: Laser Assisted Soldering and Flip-Chip Attach for MEMS Packaging; 2004 SEM X International Congress on Experimental & Applied Mechanics, Costa Mesa, CA June 7-10

[Tiwa-13] R. Tiwari, C. Herstatt: Innovieren für preisbewusste Kunden: Analogieeinsatz als Erfolgsfaktor in Schwellenländern. Working Paper, Technologie- und Innovationsmanagement, Technische Universität Hamburg-Harburg, Nr. 75. 2013

[Trod-14] J. Trodler, M. Nowottnick, A. Fix, T. Herberholz: New Interconnection for High Temperature Application: HotPowCon (HPC); Proceedings of SMTA International, Sep. 28 - Oct. 2, 2014, Rosemont, IL

[Voge-14] F. Vogel, N. Wanderka: Was Superlegierungen super macht: Hierarchische Mikrostruktur in einer Superlegierung.

[Wase-13] R. Waser: Batterie und Datenspeicher zugleich. Forschungszentrum Jülich und RWTH Aachen, 24.04.2013

[Wei-14] X.-K. Wei: Ferroelectric translational antiphase boundaries in nonpolar materials;, Nature Communications 5 (2014), Article number: 3031, published online: 8 January 2014

[Wege-14]   S. Wege, R. L. Diehm und V. Liedke: Anlagenkonzepte zur Herstellung hochtemperaturfester Flachbaugruppen mittels Diffusionslöten und Sintern, DVS-Berichte 301; Elektronische Baugruppen und Leiterplatten EBL 2014; Vorträge der 7. DVS/GMM-Tagung in Fellbach am 11. u. 12. Februar 2014

[Wern-14]   S. Werner: Schärfer sehen mit Röntgenlicht. HZB, full-screen1, 2014

[Witt-66]   K. Wittke: Erhöhte Bruchsicherheit in Schweißkonstruktionen durch rationelle Ausnutzung der Anisotropie der Eigenschaften des Schweißguts. Schweißtechnik, Berlin, 16 (1966) 10, S. 463-466

[Witt-82]   Wittke, U. Füssel: Mechanisierung und Automatisierung des löttechnischen Fertigungsprozesses. Schweißtechnik (Berlin), 32 (1982) 9, S. 402-404

[Witt-83]   Wittke: Löten in der metallverarbeitenden Industrie – Entwicklungstendenzen, Probleme und Aufgaben Schweißtechnik (Berlin), 33 (1983) 2, S. 52-54

[Witt-84]   Wittke: Modernisierung, Mechanisierung und Automatisierung des Lötens in der metallverarbeitenden Industrie. Schweißtechnik (Berlin), 34 (1984) 10, S. 449-452

[Witt-87]   K. Wittke: Rationalisierung von Füge- und Montageprozessen. Wissenschaftliche Zeitschrift der TU Karl-Marx-Stadt, 29 (1987) 3, S. 427-433

[Witt-88]   K. Wittke: Rationalisierung der Fügetechnik und Montage durch Modernisieren, Intensivieren, Mechanisieren und Automatisieren. Wissenschaftliche Schriftenreihe der Technischen Universität Karl-Marx-Stadt, Nr. 12/88, Karl-Marx-Stadt 1988

[Witt-89]   K. Wittke: Rationalisierung der Schweiß- und Löttechnik, Teil 1 – Rationalisierung durch Modernisierung. Z. Schweißtechnik 39(1989)10, S. 308-312

[Witt-06]   K. Wittke, W. Scheel, M. Nowottnick: Rationalisierung der Fertigung von Schweiß- und Lötverbindungen. Vortrag im Sammelband: Moderne Probleme der Erhöhung der Effektivität der Schweißfertigung – 1. Teil. Allrussische wissenschaftlich-technische Konferenz mit internationaler Beteiligung, Togliatti (Russland), 15.-17. November 2006, S. 106-119

[Witt-07]   K. Wittke, W. Scheel: Die Lötverbindung – Buch 1. Buchreihe: Aufbau- und Verbindungstechnik in der Elektronik - aktuelle Berichte, Band 5. Herausgeber W. Scheel, K. Wittke, M. Nowottnick. Verlag Dr. Markus A. Detert, Templin 2007

[Witt-08]   K. Wittke, W. Scheel: Die Lötverbindung – Buch 2. Buchreihe: Aufbau- und Verbindungstechnik in der Elektronik - aktuelle Berichte, Band 5. Herausgeber W. Scheel, K. Wittke, M. Nowottnick. Verlag Dr. Markus A. Detert, Templin 2008

[Witt-09]   K. Wittke, W. Scheel: Die Lötverbindung – Buch 3. Buchreihe: Aufbau- und Verbindungstechnik in der Elektronik - aktuelle Berichte, Band 5. Herausgeber W. Scheel, K. Wittke, M. Nowottnick. Verlag Dr. Markus A. Detert, Templin 2009

[Witt-11.1]   K. Wittke, W. Scheel: Handbuch Lötverbindungen. Eugen G. Leuze-Verlag, Bad Saulgau, 2011

[Witt-11.2]   K. Wittke u. a.: Das Verschleißblech als Indikator für das Schmelzlöten von Stählen mit Kupferlotpasten in Schutzgas-Durchlauföfen. Info-Service Fachgesellschaft DVS Löten, Ausgabe 23, Juli 2011, S. 10-14

[Witt-11.3]   K. Wittke u. a.: Lötbarkeitsdiagramm zur Projektierung und Optimierung der Lötfertigung. Schweißen und Schneiden 63 (2011), S. 443-448

[Witt-12]   K. Wittke, W. Scheel, M. Kising, A. Rinn: Vom Lötbruch bis zum Rotbruch – Gemeinsamkeiten und Besonderheiten. Materialwissenschaft und Werkstofftechnik, 6/2012, S. 520-527

[Wohl-10]   Wohlrabe, J. Trodler, A. Goedecke: Analysen für eine Null-Fehler-Qualität von Lotpastendruckprozessen; DVS-Berichte 265; Elektronische Baugruppen und Leiterplatten EBL 2010; Vorträge der 5. DVS/GMM-Tagung in Fellbach am 24. u. 25. Februar 2010

[Wohl-15]   H. Wohlrabe: Datenbank "VoidExpert", TU Dresden, 2015

[Wu-08]   B. Y. Wu, Y. C. Chan, A. Middendorf, X. Gu, H. W. Zhong: "Assessment of toxicity potential of metallic elements in discarded electronics: A case study of mobile phones in China"; Journal of Environmental Sciences, (20) 2008

[Yang-14]   Y. Yang u. a.: Electrochemical dynamics of nanoscale metallic inclusions in dielectrics. Nature Communications (published online 23 June 2014), http://www.nature.com/ncomms/2014/140623/ncomms5232/abs/ncomms5232.html

[Zura-14]   K. Zurawski: Motor im Rad. wissenschaft.de, 04.07.2014